建筑信息模型（BIM）技术应用系列新形态教材

"1+X"建筑信息模型（BIM）
——Revit 项目建模基础教程

杨蕾颖　张　赟　主　编

刘　亮　容绍波　副主编

U0386735

清华大学出版社

北京

内 容 简 介

本书以 Revit 2018 中文版为操作平台，结合"1+X"建筑信息模型（BIM）职业技能等级证书考评大纲，以实际项目为案例讲解了 Revit 建模的方法和技巧。本书分为 4 篇 16 个教学模块，内容覆盖 BIM 基础知识、Revit 基础操作、建模流程、建筑建模、结构建模、族、概念体量、BIM 模型基础应用等内容。全书条理清晰、图文并茂、层次分明，搭配课程教学建议及思政内容，便于教师教学参考，搭配思维导图，帮助读者学习记忆。

本书既可以作为高职院校、应用型本科、成人教育、函授教育、网络教学的土建大类专业 BIM 建模课程的教材，也可以作为相关行业技术人员和自学者的学习和参考用书。

图书在版编目（CIP）数据

"1+X"建筑信息模型（BIM）：Revit项目建模基础教程 / 杨蕾颖，张赟主编. —北京：清华大学出版社，2023.1（2024.1 重印）
建筑信息模型（BIM）技术应用系列新形态教材
ISBN 978-7-302-61849-2

Ⅰ. ①1… Ⅱ. ①杨… ②张… Ⅲ. ①建筑设计—计算机辅助设计—应用软件—高等学校—教材 Ⅳ. ①TU201.4

中国版本图书馆CIP数据核字(2022)第171208号

责任编辑：杜　晓
封面设计：曹　来
责任校对：李　梅
责任印制：宋　林

出版发行：清华大学出版社
　　　　网　　址：https://www.tup.com.cn, https://www.wqxuetang.com
　　　　地　　址：北京清华大学学研大厦A座　　　　邮　　编：100084
　　　　社 总 机：010-83470000　　　　　　　　　邮　　购：010-62786544
　　　　投稿与读者服务：010-62776969，c-service@tup.tsinghua.edu.cn
　　　　质量反馈：010-62772015，zhiliang@tup.tsinghua.edu.cn
　　　　课件下载：https://www.tup.com.cn，010-83470410
印 装 者：三河市龙大印装有限公司
经　　销：全国新华书店
开　　本：185mm×260mm　　　印　　张：20.75　　　字　　数：474千字
版　　次：2023年2月第1版　　　　　　　　　　　　印　　次：2024年1月第2次印刷
定　　价：59.00元

产品编号：092771-01

前　言

　　本书以《"1+X"建筑信息模型（BIM）职业技能等级证书职业技能等级标准》和《"1+X"建筑信息模型（BIM）职业技能等级证书考评大纲》为标准，以实际工程案例为建模载体，选择Revit 2018中文版为操作平台，以满足常规BIM建模教学需要及"1+X"建筑信息模型（BIM）职业技能等级证书考试需要为目标。

　　本书为全实例教程，具有以下特点。

　　1. 内容针对性强。本书主要针对有一定的建筑理论知识，但是实际操作经验相对匮乏的相关专业学生。本书以"1+X"考纲为主线，除讲解软件基本操作方法外，以项目实例为讲解对象，配合实际模型建模流程讲解BIM建模软件的操作方法和技巧，并针对考试提出经验和建议，将理论融入实践中，更便于读者掌握软件的应用。

　　2. 内容使用灵活。本书包括建筑建模、结构建模、族编辑和概念体量等内容，学习者可以根据不同的学习要求，根据学习任务灵活进行学习，既可以全部学习，也可以选择性学习；既可以按顺序完成，也可以交叉完成，轻松应对"1+X"初级建模考试，提高建模水平。

　　3. 思政元素融合。本书配有微课讲解，讲解过程中不仅有专业技术的讲解，还潜移默化地融入工匠精神和社会主义核心价值观，寓积极、正向精神于教学，真正实现教书育人。将专业精神、职业精神、工匠精神融入人才培养全过程。

　　4. 资源配套立体。本书为新形态教材，配套资源涵盖教学PPT、操作视频、微课、工程文件、族文件、历年考试真题及讲解等，方便"教"与"学"。本书不仅能够帮助读者更好地学习课程内容，还可以用于"1+X"建模考试前的备考练习，提高效率。

　　5. 版本选择稳定。计算机软件的版本更新速度较快，本书根据目前高校机房系统实际情况，结合行业实际，选择使用Revit

2018 中文版进行讲解，满足 "1+X" 考试及实际建模工作的要求。

　　本书由 "1+X" 建筑信息模型（BIM）职业技能等级证书云南省区域专家、昆明冶金高等专科学校杨蕾颖、张赟担任主编，云南农业职业技术学院刘亮、一砖一瓦科技有限公司容绍波担任副主编。感谢昆明冶金高等专科学校、云南农业职业技术学院、一砖一瓦科技有限公司的老师和技术人员的参与。具体编写分工如下：张赟、容绍波、郭凯编写模块1和模块2，杨蕾颖、苏竟达编写模块3～模块9，赵霞、万敏编写模块10，代秀、王朝燕编写模块11～模块14，刘亮编写模块15和模块16，张赟、郭宇丰负责配套图纸的整理。全书由杨蕾颖统稿。

　　本书编写及视频资源的录制得到了一砖一瓦科技有限公司的大力支持，在此表示衷心的感谢。编者在编写过程中借鉴了很多同行的经验和著作，谨向文献作者表示谢意。本书编写过程中难免存在疏漏和不足之处，衷心希望能得到使用者的认可和支持，以期再版时完善。

杨蕾颖

2022 年 6 月

项目配套别墅图纸

项目实例配套工程文件

配套课件

"1+X" 建筑信息
模型（BIM）职业
技能等级证书
（历年真题）

"1+X" 建筑信息
模型（BIM）职业
技能等级证书
（真题讲解）

"1+X" 建筑信息
模型（BIM）职业
技能等级证书
（结果文件）

目　录

第三篇　BIM 基础应用

第一篇

BIM 基础知识

BIM 技术覆盖了整个建筑项目的全生命周期，近年来得到了建筑业界各阶层的广泛关注和支持，为建筑行业的发展带来了可持续发展的新路径。本篇主要介绍 BIM 技术以及 BIM 体系中使用最广泛的建模软件 Revit 基础知识。

思政元素+重点知识技能点

思政元素

- **增强民族自豪感和民族自信心：**结合火神山、雷神山医院的建设案例，让学生感受"中国速度""中国奇迹"，提升学生的爱国情感，增强中华民族的自豪感和自信心

- **理解中国特色社会主义制度的先进性和优越性：**结合国家在疫情期间对火神山、雷神山医院的重视，使学生加深理解中国共产党领导下的中国特色社会主义制度的先进性和优越性

- **提升法律权威和法治意识：**结合对BIM的相关法规和标准，培养学生的法治精神，树立尊重和维护法律权威的意识

- **培养重视整体利益和责任奉献：**通过BIM技术协同作业的特点和优势，培养学生重视整体利益，强调责任感和奉献精神

- **培养中华民族伟大复兴精神：**通过实例项目的引入，调动学生对中华民族伟大复兴的激情，培养学生梦想精神，培养学生学好知识技能为民族复兴贡献自己的力量

重点知识技能点

- BIM的概念、特点和优势
- BIM相关软件、平台和应用点
- BIM建模精度
- BIM相关标准和技术政策
- BIM各专业协同原理
- BIM软硬件环境
- BIM建模软件界面及基本操作

模块 1 认识BIM

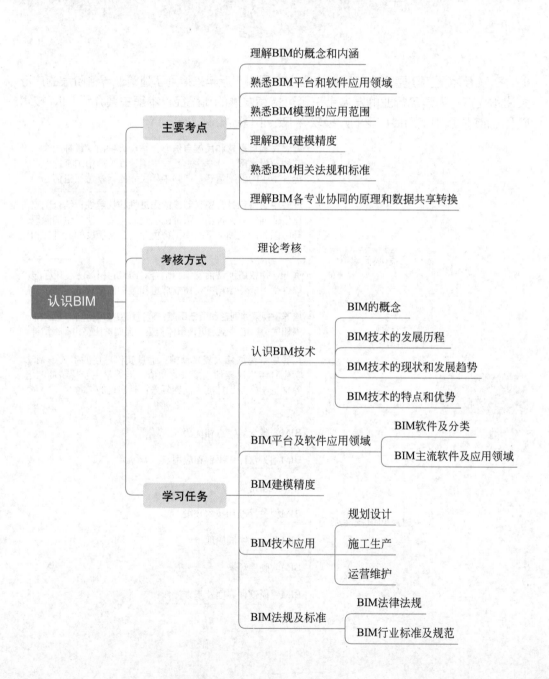

认识BIM

- 主要考点
  - 理解BIM的概念和内涵
  - 熟悉BIM平台和软件应用领域
  - 熟悉BIM模型的应用范围
  - 理解BIM建模精度
  - 熟悉BIM相关法规和标准
  - 理解BIM各专业协同的原理和数据共享转换
- 考核方式
  - 理论考核
- 学习任务
  - 认识BIM技术
    - BIM的概念
    - BIM技术的发展历程
    - BIM技术的现状和发展趋势
    - BIM技术的特点和优势
  - BIM平台及软件应用领域
    - BIM软件及分类
    - BIM主流软件及应用领域
  - BIM建模精度
  - BIM技术应用
    - 规划设计
    - 施工生产
    - 运营维护
  - BIM法规及标准
    - BIM法律法规
    - BIM行业标准及规范

任务 1.1　初识 BIM

1. BIM 的概念

BIM 是建筑信息模型（Building Information Modeling）的简称，是以三维信息数字模型作为基础，集成了项目从设计、施工、建造到后期运维的所有相关信息，对工程项目信息作出详尽的表达。在《建筑信息模型应用统一标准》（GB/T 51212—2016）中，对 BIM 的定义为"在建设工程及设施全生命期内，对其物理和功能特性进行数字化表达，并依此设计、施工、运营的过程和结果的总称。"

BIM 技术作为一种基于三维模型的智能流程，能让建筑设计、施工和运营维护及各方专业人员深入了解项目并高效地规划、设计、构建和管理建筑及基础设施。各个主体通过使用 BIM 技术，进一步完善建筑设计、施工、运营维护等全过程管理，达到提高建设效率、降低项目风险、改善管理绩效的目的。

2. BIM 技术的发展历程

BIM 技术最早可追溯到 20 世纪 70 年代，美国佐治亚理工学院的查克·伊斯曼（Chuck Eastman）发表的论文里阐述了 BIM 理论涉及的内容，查克·伊斯曼因此被称为"BIM 之父"。随着信息技术在全球的发展，BIM 技术在欧洲、亚洲国家都已经发展和应用。

近几年在国内也掀起了一股 BIM 学习和推广的热潮，从建筑行业到各大软件厂商，从行业协会到科研院校，都积极投身于 BIM 的推广，同时也引起了政府的高度重视。

2001 年，建设部提出"建设领域信息化工作基本要点"，并组织了"十五"国家科技攻关项目"城市规划、建设、管理和服务的数字化工程"。2003 年，建设部发布了《2003—2008 年全国建筑业信息化发展规划纲要》，为软件开发建立了良好的基础。2004 年，美国 Autodesk 公司与清华大学、同济大学、华南理工大学、哈尔滨工程大学四所国内著名大学合作组建联合"BLM-BIM"实验室，这是我国首个建筑生命周期管理实验室，为 BIM 在我国科研领域的发展起到了推动的作用。2011 年 5 月，住房和城乡建设部发布《2011—2015 年建筑业信息化发展纲要》，2012 年 1 月，发布《关于印发 2012 年工程建设标准规范制订修订计划的通知》，2013 年发布《关于征求关于推荐 BIM 技术在建筑领域应用的指导意见（征求意见稿）意见的函》，2014 年发布《关于推进建筑业发展和改革的若干意见》，2015 年发布《关于推进建筑信息模型应用的指导意见》，2016 年发布"十三五"纲要——《2016—2020 年建筑业信息化发展纲要》。政府的支持推动和企业、院校的合作和研究，为 BIM 技术在我国的发展提供了支持和发展的平台和保障。

3. BIM 技术在我国的发展趋势和人才培养

《2016—2020 年建筑业信息化发展纲要》中 BIM 技术被列为"十三五"建筑业重点推广的五大信息技术之首，BIM 应用目前正处在发展期，无论设计单位还是施工单位，对技术的应用都更加理性和务实。

为响应建筑业未来技术发展对人才的需求，精准对标建筑

"1+X"建筑信息模型
BIM 职业技能等级证书
相关文件（职业技能等
级标准、考评大纲）

信息模型技术人员的从业标准，更好地贯彻实施《国务院关于印发国家职业教育改革实施方案的通知》（国发〔2019〕4 号）、《教育部等四部门印发〈关于在院校实施"学历证书＋若干职业技能等级证书"制度试点方案〉的通知》（教职成〔2019〕6 号）等文件精神，2019 年人力资源和社会保障部将"建筑信息模型（BIM）技术员"确定为新职业岗位，同年，"建筑信息模型（BIM）职业技能等级标准"成为首批参与"1+X"证书制度试点工作的职业技能等级证书和标准，推进"1"和"X"的有机衔接，提升职业教育质量和学生就业能力。

职业技能等级证书作为毕业生、社会人员职业技能水平的敲门砖，是对学习成果的一种认可，同时，证书体现岗位能力要求，能够反映在校生的职业培养和职业生涯发展综合能力，对就业、创业有促进作用，也能带动职业教育质量的整体提高。

4. BIM 技术的特点

1）可视化

可视化是指 BIM 技术可以让以往单一平面中线条式的构件形成三维的立体实物展现出来。在 BIM 中，由于全过程都是可视化的，项目设计、建造、运营过程中的沟通、讨论、决策都在可视化的状态下进行，即实现"所见即所得"。

2）仿真性

仿真性是指 BIM 技术除了能模拟建筑的各类信息，如物理几何信息、材质性能信息、构件属性特征等，还可以对建筑全生命周期中各阶段的各项内容进行模拟。例如，在设计阶段，针对日照、采光、通风、节能、热传递等进行模拟实验以实现合理设计，招标投标和施工阶段根据施工组织设计模拟实际施工，在施工阶段进行 5D 模拟从而实现成本控制，后期运营阶段可以模拟建筑物运营的水、电消耗情况，从而制订合理的资源调配方案。

3）参数化

参数化是指 BIM 模型的建立不是简单数字符号单一的键入，而是通过带变量性质的参数的设置来建立和分析模型，模型数字表现形式后面是变量逻辑的赋值，往往一个数值的变动影响多个关联部分的变化。通过参数的赋予，让建筑模型自带变量，修改一处则联动修改其他关联部分，从而实现方案调整的高效率。

4）协调性

协调性是指建筑信息模型可以将各类信息统一协调形成整体，相互交叉关联。传统的建筑信息是分散和割裂的，建筑信息在传递中交叉沟通往往不能及时有效地传递，造成信息传递的阻塞或导致错误。BIM 的协调性服务就可以帮助处理各部分间信息的交换、共享，更好地实现多专业配合。

5）一体化

一体化是指基于 BIM 技术可进行设计、施工、运营等贯穿工程项目全生命周期的一体化管理。BIM 的技术核心是一个由计算机三维模型形成的数据库，它不仅包含建筑的设计信息，而且可以容纳从设计到建成使用，甚至是使用周期终结的全过程信息。

6）优化性

建筑的设计、施工、运营的过程，其实就是一个不断优化的过程，在 BIM 的基础上可以做更好的优化、更好地做优化。BIM 模型提供了建筑物存在的实际信息，BIM 及与其配套的各种优化工具提供了对复杂项目进行优化的可能。

7）可出图性

BIM 通过对建筑物进行可视化展示、协调、模拟、优化以后，可自动生成建筑各专业二维设计图纸，这些图纸中构件的关系与模型实体始终保持关联，当模型发生变化，图纸也随之变化，保证图纸的正确性。除提供基础图纸外，BIM 还可以提供优化图纸，例如综合管线图、综合结构留洞图、碰撞检查侦错报告和建议改进方案等。

8）信息完备性

信息完备性体现在 BIM 技术可对工程对象进行 3D 几何信息和拓扑关系的描述以及完整的工程信息描述，如对象名称、结构类型、建筑材料、工程性能等设计信息；施工工序、进度、成本、质量以及人力、机械、材料资源等施工信息；工程安全性能等维护信息；工程对象之间的工程逻辑关系等，保证模型能够记录所有和项目有关的信息。

任务 1.2 BIM 技术平台和软件

1. BIM 主流软件及分类

BIM 技术是对整个建筑的全生命周期进行管理的一系列方法和技术，要实现 BIM 技术的应用，单纯依靠一个软件并不能满足需要。因此，支持 BIM 技术的软件都属于 BIM 软件的范畴，包括建模软件、分析软件、管理软件等。

BIM 按照应用软件的功能，通常划分为 BIM 基础软件、BIM 工具软件和 BIM 平台软件。

1）BIM 基础软件

BIM 基础软件是指可为多个 BIM 应用软件所使用的 BIM 数据软件，主要是前期设计阶段建模类的工具软件，主要用途是为后续 BIM 应用生成基础模型，是 BIM 的核心软件，是 BIM 应用的基础，简称"BIM 建模软件"。

目前主流的 BIM 建模软件主要是 Revit、Bentley Architecture、ArchiCAD、Digital Project，不同的建模软件有其各自的特点和优势，用户可以根据自己的需要进行选择。

2）BIM 工具软件

BIM 工具软件是指利用 BIM 基础软件提供的 BIM 数据，开展各种工作的应用软件。BIM 工具软件是 BIM 软件的重要组成部分，丰富的工具软件提供了不同的功能，让模型数据应用到建筑全生命周期中的各个不同阶段，实现项目的数字化管理。

规划设计阶段常用软件有 ETABS、STAAD Robort、PKPM 等结构分析软件，BoCAD、Tekla、STS 等钢结构深化设计软件，AutoCAD MEP、Magi CAD、Revit 及天正、鸿业、理正、PKPM 等机电分析软件，Echotect、IES、Green Building Studio、PKPM、清华日照等绿色分析软件，Magi CAD、Revit、Navisworks、Tekla BIM Sight、Solibri 以及广联达的 BIM 审图软件、鲁班 BIM 解决方案等碰撞检查软件。

招标投标阶段常用广联达、鲁班、斯维尔、品茗、晨曦等厂商的算量软件和计价软件。

施工管控阶段常用钢筋翻样软件、排砖软件、施工场地布置软件、施工管理软件。

运营维护阶段常用软件有 Archi BUS、蓝色星球资产与设施运维管理平台、Building Ops 等，通过端口与现在最先进的 BIM 技术相连接，形成有效的管理模式，提高设施设备维护效率，降低维护成本。

3）BIM 平台软件

BIM 平台软件是指能对各类 BIM 基础软件及 BIM 工具软件产生的 BIM 数据进行有效管理，以便支持建筑全生命周期 BIM 数据的共享应用的应用软件。该类软件一般为基于 Web 的应用软件，能够支持工程项目各参与方及各专业工作人员之间通过网络高效地共享信息，如美国 Autodesk 公司 2012 年推出的 BIM 360 软件，匈牙利 Graphisoft 公司的 Delta Server 软件。

2. BIM 平台及应用领域

BIM 核心思想是通过信息技术实现工程项目所有参与方高度协调的工作，提高建筑业生产效率、质量和效益。采用单个的 BIM 技术不一定能体现 BIM 的优势，如果 BIM 协同不能很好地实现，那么 BIM 的价值就难以发挥出来。

BIM 平台是以 BIM 数据架构为基础的项目协同工作与管理平台，与传统的项目管理系统不同，BIM 平台注重 BIM 数据的应用，在 BIM 数据架构基础上，具备项目管理、招标投标管理、设计管理、BIM 模型管理、项目图文资料管理、现场追踪等管理功能，由于互联网技术的普及，平台应支持多终端，可进行移动工作。

BIM 平台是如今 BIM 技术的集大成者，是 BIM 技术的高级运用，可整合建筑全生命周期内不同阶段、不同方向的相关信息数据，为后期城市级的数字化管理提供支撑。

近年来 BIM 平台开发如雨后春笋，如 Revizto、BIMFACEBIM、BDIP、圭土云 BIM 协同云平台、鲁班 BIM 平台、BIMeBIM 平台等。随着我国互联网相关软硬件的发展，混合云平台也是 BIM 平台发展的一个趋势，例如，在 2018 中国建设行业年度峰会主论坛现场，微软、华为、广联达三方联合，基于广联达提供的一系列数字建筑平台，发布了一体化混合云解决方案。

任务 1.3 BIM 建模精度

1. BIM 建模精度的概念

BIM 模型精度也就是模型的细致程度 LOD（Level of Development），用来指 BIM 模型中的模型组件在建筑全生命周期的不同阶段中所预期的信息完整度。

2. 细致程度 LOD

Level of Detail 指的是模型组件的细节程度，即包含了多少细节，因此属于模型组件的输入信息。LOD 指的是模型组件中的几何与属性数据可被信赖的程度，因此关系着模型的可应用性。

根据建筑信息模型内容与细节的标准，定义了从 100 到 500 五种 LOD 等级，满足客户不同阶段的不同需求。

1）LOD 100

本阶段模型相当于概念设计，只为表现建筑整体的类型、体量和基本的分析，例如体积、朝向等。

2）LOD 200

本阶段模型相当于方案设计或者初步设计，主要用于进行一般性的表现和系统分析，例如大小、位置、方向、形状、大致数量等。

3）LOD 300

本阶段模型相当于传统的施工图层次，包括业主在 BIM 交付标准中规定的构件属性和参数信息，模型能够用于成本估算和施工协调，包括碰撞检查、施工进度管理等。

4）LOD 400

本阶段模型可以用于模型单元的加工和安装，用于承包商和制造商加工和制造项目的预制构件，包括水、电、暖通系统。

5）LOD 500

本阶段是模型的最终表现阶段，展示项目竣工的情形，模型包含业主 BIM 提交说明中明确的完整构件参数和属性，模型作为中心数据库整合到建筑运维系统中。

3. 我国对 BIM 建模精度的要求

随着我国 BIM 的发展，住房和城乡建设部制订的《建筑信息模型设计交付标准》（GB/T 51301—2018）和《建筑工程设计信息模型制图标准》（JGJ/T 448—2018）是我国 BIM 领域重要的标准。两部标准的批准与实施进一步深化和明晰了 BIM 交付体系、方法和要求，在 BIM 表达方面具有可操作意义的约束和引导作用，也为 BIM 模型成为合法交付物提供了标准依据。

任务 1.4　BIM 模型的应用

1. 规划设计阶段 BIM 的应用

在规划及设计阶段，由于设计工作本身的特点，设计过程中会有很多不确定因素，专业之间需要进行大量的协调工作，借助 BIM 的智能化，可以在项目建模、项目规划、方案论证及评估、协同化设计、各种性能及环境分析、成本估算、设计审查等方面，提高设计效率，保证项目的经济性、安全性和科学性。

2. 施工生产阶段 BIM 的应用

大中型建筑工程施工阶段工程复杂、工期严格，对项目管理的要求高，施工生产阶段 BIM 技术集中应用于工地规划、构件预制以及施工全过程的模拟。施工模拟技术可以在项目建造过程中合理制订施工计划，精确掌握施工进度，优化使用施工资源，以及科学地进行场地布置，对整个工程的施工进度、资源和质量进行统一管理和控制，以缩短工期、降低成本、提高质量。

3. 运营维护阶段 BIM 的应用

运营维护是建筑可持续发展的重要保证，从整个建筑全生命周期看，运营维护阶段是最后一个环节，通过 BIM 技术，建立竣工模型，提供高效的数据库资源，进行灾害应急模拟，便于采取有效措施应对可能的突发状况，进行空间管理，方便后期的维护和管理，使建筑物的运营、维护和设备设施管理更好地进行，实现绿色建筑的可持续发展。

任务 1.5　BIM 规范和标准

1. BIM 法律法规

BIM 相关法律法规有《中华人民共和国民法典》《中华人民共和国建筑法》《中华人民共和国招标投标法》《中华人民共和国劳动法》等。

BIM 规范文件

2. BIM 行业标准

BIM 行业标准有《建筑信息模型应用统一标准》（GB/T 51212—2016）、《建筑信息模型分类和编码标准》（GB/T 51269—2017）、《建筑信息模型施工应用标准》（GB/T 51235—2017）、《建筑信息模型设计交付标准》（GB/T 51301—2018）、《建筑工程设计信息模型制图标准》（JGJ/T 448—2018）等。

> **提示**
>
> 在"1+X"建筑信息模型（BIM）职业技能等级证书初级建模考试中，对 BIM 法律法规及行业标准的考核主要是要求能够对相关标准有一定的理解，并且能指导实际工作，因此对相关标准需要进行阅读和理解。

模块 2 Revit 基础

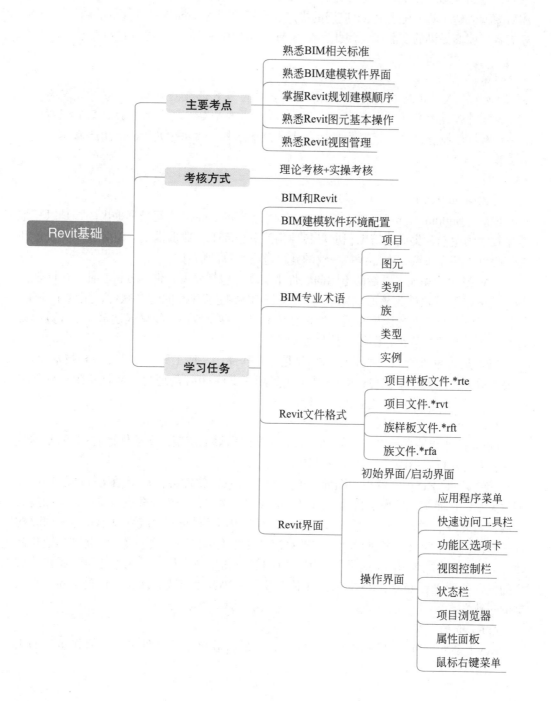

Revit基础

主要考点
- 熟悉BIM相关标准
- 熟悉BIM建模软件界面
- 掌握Revit规划建模顺序
- 熟悉Revit图元基本操作
- 熟悉Revit视图管理

考核方式
- 理论考核+实操考核

学习任务
- BIM和Revit
- BIM建模软件环境配置
- BIM专业术语
  - 项目
  - 图元
  - 类别
  - 族
  - 类型
  - 实例
- Revit文件格式
  - 项目样板文件.*rte
  - 项目文件.*rvt
  - 族样板文件.*rft
  - 族文件.*rfa
- Revit界面
  - 初始界面/启动界面
  - 操作界面
    - 应用程序菜单
    - 快速访问工具栏
    - 功能区选项卡
    - 视图控制栏
    - 状态栏
    - 项目浏览器
    - 属性面板
    - 鼠标右键菜单

任务 2.1　Autodesk Revit 概述

1. Autodesk Revit 简介

Revit 系列软件是 Autodesk 公司专门针对建筑设计行业开发的三维参数化设计软件平台，它支持建筑项目所需的模型、设计、图纸和明细，并可以在模型中记录材料的数量、施工阶段、造价等工程信息。自 2004 年 Revit 进入中国以来，已经成为流行的 BIM 模型创建工具。随着 Revit 应用的推广，它不单有 Autodesk 官方提供的产品模型库，还有各大厂商提供的产品库，因此，在 BIM 应用领域 Revit 的主导地位日益显著。

> **提示**
>
> 在"1+X"建筑信息模型（BIM）职业技能等级证书初级建模考试中，没有对建模软件产品和版本做具体要求，Revit 各版本的主要功能基本一致，因此根据机房计算机的配置，选择运行流畅的版本是最佳选择。本书使用 Revit 2018 版本进行讲解。

2. BIM 和 Revit

BIM（Building Information Modeling）概念是 Autodesk 公司最早提出的，是以三维数字技术为基础，集成建筑工程项目各种相关信息的工程数据模型。BIM 技术为设计和施工提供了相互协调、内部保持一致的并可进行运算的信息。

BIM 技术的实施需要借助不同的软件来实现，包括建模软件、分析软件、协同软件等，其中以建模软件为核心。Revit 是为支持 BIM 技术开发的建模软件，集成了建筑、结构、机电三个专业的建模功能，以模型为基础，将设计构想发展成建筑成果，具有设计可视化、构件参数化、图模一致化等特点。

BIM 是一种理念、一种技术；Revit 是一个软件、一种工具。BIM 是一种技术理念，需要通过软件的支撑来实现；Revit 作为工具用来支持 BIM 的理念，是众多 BIM 软件之一，是项目设计阶段用于建立模型的软件。

3. Revit 的"参数化"

Revit 系列软件都是以"参数化"的概念来架构整个模型，参数化是 Revit 的基本特征，参数化建模是 BIM 技术的重要基础。

"参数"是 Revit 中各模型图元之间的相对关系，软件会自动记录构件间的特征和相对关系，从而实现模型的自动协调和变更管理。例如，一个与楼板或屋顶边缘相连的外墙，当此外墙被移动时，楼板或屋顶和该外墙仍会保持连接状态。Revit 通过修改构件中的预设或自定义的各种参数，实现对模型的变更和修改，这个过程就是"参数化修改"。参数化功能为 Revit 提供了基本的协调能力和生产力优势，无论任何时候在项目中的任何位置进行修改，Revit 都能在整个项目中协调该修改，从而确保模型和工程数据的一致性。

4. Revit 的"交互性"

Revit 系列软件是针对建筑设计行业的三维参数化设计软件平台，但在实际的工作当中，单纯靠一个软件很难解决所有的问题，在整个建筑生命周期内，建筑行业的不同领域还需要有不同的软件发挥各自的优势，才能真正解决实际工作中各方面的问题，从概念设计、可视化、分析到制造和施工的整个项目全生命周期中提高效率和准确性。

Revit 可以很好地和其他产品进行交互，在设计方面，AutoCAD、3Ds Max、Navisworks、Sketchup、Dynamo 都可以配合 Revit，提高设计效率，提升建筑性能，在整个项目周期中有效地实现多方协同，团队协作。在施工方面，AutoCAD、Navisworks、BIM5D 等配合 Revit，可以在施工管理方面实现数字化沟通交流。

5. Revit 2018 硬件配置要求

Revit 建模会存储和处理大量的数据，要确保系统和硬件配置能满足 Revit 的需求，才能保证软件使用时的良好性能。为了保证软件的正常使用，建议计算机配置不低于最低配置标准，详见表 2-1。

微课：Revit 2018
安装和激活

表 2-1　Revit 2018 最低配置要求

系统及主要硬件	配 置 说 明
操作系统	Microsoft Windows 7 64 位
CPU	单核或多核 Intel I 系列处理器或支持 SSE2 技术的 AMD 同等级别处理器
硬盘空间	5G 可用空间
内存	8GB
视频适配器	支持 DirectX 11 或 Shader Model 3 的显卡

任务 2.2　Revit 常用术语及文件格式

1. Revit 常用术语

1）项目

项目是单个的设计信息数据库，是一个建筑信息模型，是实际的建设项目。项目文件包含了建筑的所有设计信息，包括模型信息以及工程信息，如结构、材质、数量等，还能包括设计中生成的各种图纸和视图。

在 Revit 中，新建文件其实就是新建一个"项目文件"，其中包括了项目的所有设计信息，一个项目中的所有信息之间都是关联的，保证模型变动能够同步。

2）图元

图元是 Autodesk 公司为了区分不同数据信息而对某一类数据所取的名字。Revit 项目是由一系列基本对象构成的，如墙体、门窗、楼板等，这些基本的零件就是图元。除了三维图元外，文字、尺寸标注等单个对象也称为图元。

图元是建筑信息模型中构成模型的各个组成部分，Revit 图元种类如图 2-1 所示。

Revit 中有三种类型的图元，分别是基准图元、模型图元和视图专有图元。

（1）基准图元：用于定义项目的定位信息，如标高、轴网、参照平面。

（2）模型图元：表示建筑模型中的实际三维几何图形，显示在模型的相关视图中。包括主体图元和构件图元，主体图元的参数是软件系统预先设置的，用户不可自行添加，如墙体、楼板、屋顶、楼梯、场地等。构件图元的参数设置相对灵活，用户可以自行添加参数，如门、窗、家具等。构件图元和主体图元具有相互依附的关系，例如门、窗需要依附于墙面主体，删除墙体会直接删除依附其上的门和窗。

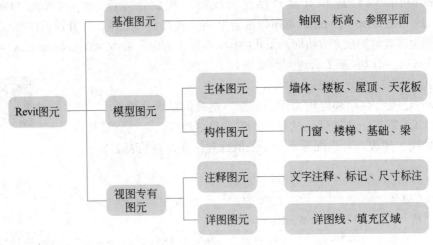

图 2-1　Revit 图元种类

（3）视图专有图元：视图专有图元帮助对模型进行描述或归档，只显示在放置这些图元的视图中，如尺寸标注、文字注释、详图等。

3）类别

在 Revit 中，类别、族、类型是对图元的分类描述。

类别是以构件性质为基础，根据图元的功能属性用于对基准图元、模型图元、视图专有图元进一步分类。Revit 中的各类图元对象以对象类别的方式进行自动归类和管理，并可以进行细分管理，在各类别对象中，包括子类别定义。例如，在楼梯类别中，还可以包含踢面线、轮廓等子类别。

在创建各类对象时，Revit 会自动根据对象所使用的族将该图元自动归类到正确的对象类别当中。例如，放置窗的时候，Revit 会自动将该图元归类于"窗"，不必像 AutoCAD 那样预先指定图层。

4）族

族是组成 Revit 项目的基础，是参数信息的载体。任何一个单一的图元都由某一个特定的族产生，例如，一扇窗、一堵墙、一个尺寸标注等。由一个族产生的各图元都具有相似的属性或参数，例如，一个平开窗族，由该族产生的图元都可以具有高度、宽度等参数，但是具体每扇窗的高度、宽度的数值可以不同，这由单独的类型或实例参数决定。

5）类型

每一个族包含一个或多个类型，用于定义不同的对象特征。类型既可以是族的特定尺寸，也可以是样式。例如，对于墙体，可以通过创建不同的族类型，定义不同的墙体厚度和构造，Revit 中类别、族和类型的关系如图 2-2 所示。

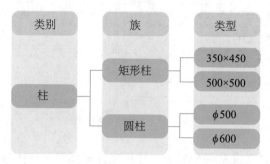

图 2-2　Revit 类别、族和类型

　　类型参数是调整某一类构件的参数，修改类型属性的值会影响到该族类型的所有实例。

　　6）实例

　　放置在项目中的每一个实际的图元，就是某类型的一个实例。每一个实例都属于一个族，并且在该族中属于特定类型，Revit 类别、族、类型和实例的关系如图 2-3 所示。

图 2-3　Revit 类别、族、类型和实例

　　实例参数是项目中某一具体实例的参数，修改实例属性的值只会影响到被选中修改的实例。因此要修改某个实例，使其具有不同的类型定义，就必须为族创建新的族类型。

　　7）常用术语之间的关系

　　Revit 的项目由很多不同的族实例，即图元组成，而 Revit 通过族和族类别来管理这些实例，用于区分和控制不同的实例。在项目中，Revit 通过对象类别来管理项目中的族，如图 2-4 所示。

　　2. Revit 文件格式

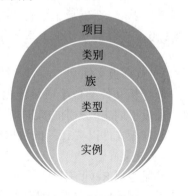

图 2-4　各术语间的关系

　　Revit 有四种文件格式，分别是项目样板文件、项目文件、族样板文件和族文件，如表 2-2 所示。

表 2-2　Revit 文件格式

文件类型	文件格式（后缀名）
项目样板文件	*.rte
项目文件	*.rvt
族样板文件	*.rft
族文件	*.rfa

1）项目样板文件

样板文件，顾名思义就是一个模板，样板文件里预设了一些参数信息，为新项目提供了基本的信息起点，包括项目单位、项目信息、标注样式、文字样式、线型、线宽、线样式、常用族等内容。由于样板文件中已经有参数，因此设置好的样板文件可以用在日后的项目中，无须重复进行参数设置。这些预定义好的设置可以提高工作效率，特别是在多专业协同作业时能够规范设计和避免重复设置。

Revit 中提供了构造样板、建筑样板、结构样板、机械样板四种样板，既可以根据需要进行选择和使用，也可以根据项目的需求，对内部标准自定义样板，满足特定的需要，便于新建项目文件时选用。

项目样板文件以".rte"的数据格式保存。

2）项目文件

项目文件是 Revit 的主文件格式，"项目"在 Revit 中是默认的存档格式文件，包含了所有的建筑模型、注释、视图、图纸等项目内容。

通常项目文件是基于项目样板文件创建的，是设计所用的文件类型。

项目文件以".rvt"的数据格式保存。

小知识

项目文件无法在版本低于创建版本的软件中打开，但可以被更高版本的软件打开或者编辑，用高版本的软件打开后，当数据保存时，Revit 将自动升级到新版本数据格式，无法再使用低版本软件打开。

3）族样板文件

族样板文件类似于项目样板文件，是创建族的起点，族样板文件中定义了族的类别，预设了创建该类别的族时所需用到的辅助构件及参数，方便进行族的创建。

族样板文件以".rft"的数据格式保存。

4）族文件

族是组成 Revit 项目的基础，是参数信息的载体。Revit 提供了族库，里面有常用的族文件，既可以根据需要调用，也可以根据需要自定义建族，同样也可以调用网络中共享的各类型族文件。

在 Revit 中，所有构件图元都是族。族文件以".rfa"的数据格式保存。

小知识

　　为保证多软件环境的协作交互，Revit 支持多种格式的文件，例如".dwg"".dwf"".ifc"".fbx"".skp"".gbxml"".nwc"等，用户可以根据需求选择导入和导出文件。

提示

　　在"1+X"建筑信息模型（BIM）职业技能等级证书初级建模考试中，理论部分中对文件后缀名有要求，注意区分不同文件的不同后缀名。

任务 2.3　Revit 用户界面

1. 启动界面

1）启动方式

Revit 与 Windows 操作系统中的其他软件相同，在安装完成之后，会在桌面和 Windows 开始菜单中增加 Revit 启动图标，通过双击桌面快捷键方式 Revit 2018 打开软件，或者依次单击 Windows 系统启动菜单→"Autodesk"文件夹→"Revit 2018"文件夹→"Revit 2018"图标，如图 2-5 所示。

小知识

　　一定不要单击"Revit Viewer 2018"图标，单击此图标将启动只读模式，无法正常编辑存储。

图 2-5　Windows 开始菜单中 Revit 2018

2）界面环境

启动 Revit 后，将进入软件的启动界面，即初始界面。在启动界面中分为两个环境，一个是项目环境，位于界面上方；另一个是族环境，位于界面下方，分别用于打开或者创建项目或族，如图 2-6 所示。

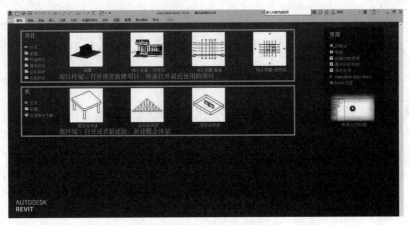

图 2-6　Revit 2018 启动界面

　　Revit 整合了建筑、结构、机电各专业的功能，在项目区域中，提供了不同类型项目的创建快捷方式，提供了相应的参照样板，单击项目快捷方式将进入默认的项目样板。在族区域中，也有不同类型的族样板供用户选择。

　　在 Revit 的启动界面中，可以通过【打开】命令打开项目文件或者族文件；通过【新建】命令可以新建项目文件或者族样板文件；通过【∗样板】命令可以打开 Revit 自带的构造样板、建筑样板、结构样板或者机械文件，用于不同的规程和建筑项目类型使用；通过【新建概念体量】命令进入概念设计环境。

　　2. 操作界面

　　Revit 的操作界面也称工作界面，包括应用程序菜单、信息中心、选项卡、选项栏、上下文选项卡、工具面板、属性面板、项目浏览器、绘图区域、状态栏、视图控制栏、导航栏、ViewCube 等，如图 2-7 所示。

微课：Revit 用户界面

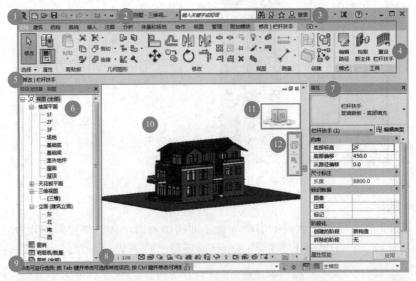

图 2-7　Revit 2018 操作界面

1）文件菜单 / 应用程序菜单

Revit 2018 中【文件】菜单即应用程序菜单，提供常用文件操作命令，位于界面左上角，单击打开文件菜单，如图 2-8 所示。

查看各文件子菜单项的选项，单击命令右侧的箭头，在列表中进行选择即可。通过【新建】【打开】【保存】【另存为】可以新建、打开、保存文件；通过【导出】创建交换文件并设置选项，可以将 Revit 文件存储为其他格式的文件；通过【发布】将文件放置在中心位置或共享位置发布；通过【打印】可以打印并预览当前绘图区域或选定视图和图纸。

单击文件菜单右下角的【选项】按钮，可以根据个人习惯自定义用户界面、图形、文件位置、文件保存时间间隔等信息。

在【选项】对话面板【常规】选项卡对话框中，可以设置自动保存提醒时间间隔、用户名、日志文件清理、默认视图规程等内容，如图 2-9 所示。

图 2-8　文件菜单

图 2-9　选项 - 常规

【用户界面】选项可以配置工具和分析选项卡，用于设置操作界面中功能区的显示内容；可以设置快捷键；如果希望 Revit 启动时显示最近使用的文件，可以取消勾选"启动时启用最近使用的文件页面（F）"，如图 2-10 所示。

图 2-10　选项－用户界面

　　【图形】选项可以定义图形模型，设置绘图区域背景颜色，设置临时尺寸标注文字外观的信息，如图 2-11 所示。

　　【文件位置】选项可以设置文件的存储路径，包括项目样板文件、族样板文件、族库路径等信息，如图 2-12 所示。

图 2-11　选项－图形

图 2-12 选项 – 文件位置

2）快速访问工具栏

"快速访问工具栏"用于执行常用命令，这些命令均可以通过功能区内相应命令执行。默认情况下快速访问栏包括新建、打开、保存、撤销、重做、测量、对齐尺寸标注、按类别标记、文字、三位视图、剖面、粗线 / 细线、切换窗口，如图 2-13 所示。

图 2-13 快速访问工具栏

单击右方下拉按钮 ，在弹出的【自定义快速访问工具栏】中，可以根据需要和偏好自定义快速访问工具栏。

3）帮助和信息中心

"帮助和信息中心"位于操作界面的右上角，如图 2-14 所示，用于搜索信息和了解有关产品的更新，以及通过链接访问网站、打开帮助文件等。在使用过程中遇到问题时，可以尝试在此搜索帮助文件。

图 2-14 帮助和信息中心

4）功能区

"功能区"是快速访问栏下方的一个大块区域的操作面板，提供创建项目所需的全部工具，是使用最频繁的一个区域。功能区包含功能区选项卡、上下文选项卡、功能面板、选项栏，如图 2-15 所示。

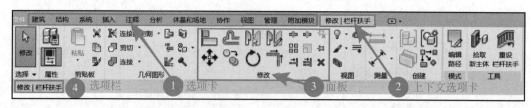

图 2-15　功能区

功能区选项卡包括【建筑】【结构】【系统】【插入】【注释】【分析】【体量和场地】【协作】【视图】【管理】【附加模块】【修改】等选项卡。

每个选项卡中包含多个面板，每个面板内有不同的工具，单击面板中的工具按钮，可以激活该工具，工具图标中存在其他工具或命令时，会显示下拉箭头，单击可以显示并选择附加工具。

在选择图元进行操作，或者激活某些工具时，功能区选项卡的最右侧会出现绿色的"上下文选项卡"，这是对某一工具详细操作的补充面板，起到补充说明作用，会显示与该图元、该工具、命令相关的具体工具，绘制或构建模型的工具基本都在上下文选项卡中。退出编辑后，该选项卡会自动关闭。

例如，选中【窗】工具按钮，自动切换到【修改 | 放置 窗】上下文选项卡，会以绿色显示在选项卡的最右侧，并显示与"窗"相关的其他工具，如图 2-16 所示。

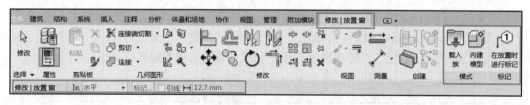

图 2-16　上下文选项卡

5）选项栏

【选项栏】默认在功能区面板下方，在切换进入上下文选项卡时会同时启用，当选择不同的工具命令或者不同的图元时，选项栏中会显示与所选择的工具或图元相关的选项，内容会随当前命令或者选中的图元变化而变化，补充相应的工具、选项或者对相关参数进行设置或编辑。例如激活"窗"命令时，启用【修改 | 放置窗】选项栏，如图 2-17 所示。

图 2-17　选项栏

6）项目浏览器

【项目浏览器】是用户界面的一种浏览窗口，放置的位置可以通过鼠标拖曳确定，用于显示当前项目文件中所有的视图、明细表、图纸、族、组、Revit 链接和其他内容的逻辑层次，方便操作者在不同的视图之间进行切换，并对项目资源进行管理，如图 2-18 所示。

通过单击视图前的"展开 ⊞"按钮可以展开该视图层，单击"收起 ⊟"按钮可以折叠起该视图层。通过双击视图名称可以打开选中的视图。

7）属性面板

【属性】面板也是用户界面的一个浏览窗口，和【项目浏览器】一样，可以通过鼠标拖动自行设置其位置，用于查看和修改视图或者图元的属性或参数，在选中某一图元时，属性面板会显示该图元的相应数据、参数、类型等，如图 2-19 所示。

图 2-18　项目浏览器

图 2-19　属性面板

打开和关闭【属性】面板有三种方式。

（1）使用组合快捷键 Ctrl+1 打开或者关闭【属性】面板。

（2）单击【修改】选项卡→【属性】面板→【属性】工具按钮，打开或者关闭【属性】面板，如图 2-20 所示。

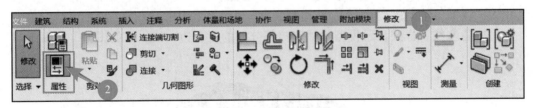

图 2-20　属性工具按钮

（3）单击【视图】选项卡→【窗口】面板→【用户界面】按钮，在下拉列表中勾选【属性】，如图 2-21 所示。

8）视图控制栏

"视图控制栏"位于绘图区域的下方，用于设置当前视图的显示状态，单击其中的按钮，可以设置视图的比例、详细程度、视觉样式、日光路径、阴影、临时隐藏/隔离、显示隐藏图元、临时视图属性等，如图 2-22 所示。

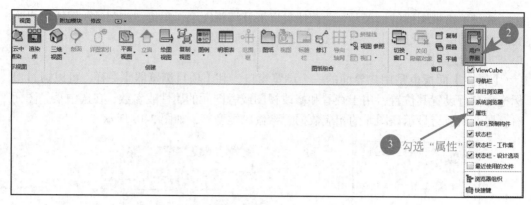

图 2-21　用户界面中的"属性"

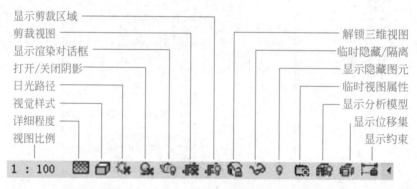

图 2-22　视图控制栏

本节主要介绍"视觉样式"和"详细程度"功能，其余功能在后续课程中进行讲解。

（1）视觉样式。根据选择的展示模型的不同样式，Revit 提供 6 种视觉样式，分别是线框、隐藏线、着色、一致的颜色、真实、光线追踪。

①"线框"样式显示模型的所有边和线而不显示模型的面，如图 2-23 所示。

②"隐藏线"样式显示模型除被遮挡部分外的所有边、线、面的图像，如图 2-24 所示。

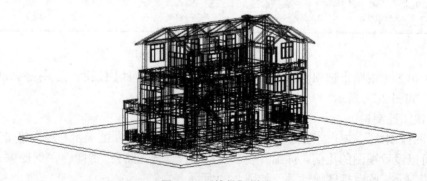

图 2-23　"线框"样式

图 2-24　"隐藏线"样式

　　③"着色"样式显示模型上色后的图像，着色时显示的颜色数取决于在 Windows 中配置的显示颜色数，如图 2-25 所示。

　　④"一致的颜色"样式显示模型上色后的图像，所有的模型表面都按照类型材质颜色设置着色的图像，如图 2-26 所示。

小知识

　　"着色"样式和"一致的颜色"样式初看上去很像，但是在"着色"模式下，模型颜色会因为角度的不同受光源的影响，有阴影效果；而在"一致的颜色"模式下，模型不受光源的影响。因此，如果只需要区分颜色，"一致的颜色"模式更合适。

图 2-25　"着色"样式

图 2-26　"一致的颜色"样式

⑤"真实"样式显示模型材质外观，旋转模型时，会显示在各种照明条件下呈现的外观，如图 2-27 所示。

⑥"光线追踪"样式，模型会使用渲染模式，在该模式下可以进行模型的平移和缩放，如图 2-28 所示。

图 2-27　"真实"样式

图 2-28　"光线追踪"样式

> **小知识**
>
> 视图显示效果越好，占用计算机的资源也就越大，显示的速度也会受到影响，所以在选择模式的时候，需要根据计算机的配置和对视图的要求选择合适的视图样式。

（2）详细程度。详细程度用来显示图元的详细程度，包括"粗略""中等""精细"3 种模式，如图 2-29 所示。

9）状态栏

"状态栏"位于操作界面的最底部，当进行操作时，状态栏会提示一些技巧，选中图元时，状态栏会显示图元的类型名称。

10）绘图区域

操作界面中部的区域就是绘图区域，是 Revit 进行建模的区域，绘图区域的背景默认为白色，可以根据自己的喜好，在【文件】菜单→【选项】对话面板→【图形】选项卡中对背景颜色进行调整。

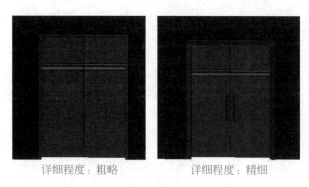

详细程度：粗略　　　　　详细程度：精细

图 2-29　详细程度对比

11）View Cube

三维视图中，可以通过"绘图区域"右上角的"View Cube"工具查看三维视图的任意方向，立方体上的点、边、面和立方体下方环状的指南针代表视图中不同的方向，通过单击可以切换到不同角度，其作用对应按住键盘 Shift 键和鼠标中键并移动鼠标进行观察，如图 2-30 所示。

12）视图导航栏

"视图导航栏"通常位于视图的右侧，可以对视图进行控制操作，包括放大、缩小、平移、旋转等，如图 2-31 所示，其功能和利用鼠标滚轮、鼠标配合键盘功能键操作相同。

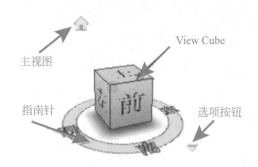

图 2-30　View Cube 工具

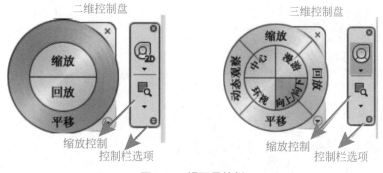

图 2-31　视图导航栏

第二篇

BIM 项目实施

在上一篇中我们了解了 BIM 的基础知识，接触到了 Revit 的常用术语、软件界面。本篇以实际的小别墅案例为蓝本，按照常用的设计流程，从分析项目开始，直至项目布局，对模型创建详细进行分解说明，让读者掌握使用 Revit 建模的方式和技巧。

思政元素+重点
知识技能点

思政元素

培养实事求是、独立思考、开拓创新的理性精神：通过项目的实际操作，培养学生的科学精神，培养实事求是、求真务实、开拓创新的理性精神

培养精益求精的"工匠精神"：通过模型创建的操作，在学习知识和技术的过程中，培养学生一丝不苟、精益求精的"工匠精神"，引导学生要用自己的实力去支撑梦想，一定要学好技术才能实现真正的精益求精

强化社会主义法治精神和意识：通过模型创建过程中技术标准和规范的学习和执行，培养法治精神，要遵纪守法，严格执行规范和标准

锻炼"科学缜密、严谨工作"的科学精神：通过模型的创建，通过三维模型的参数化关联性，锻炼学生"科学缜密、严谨工作"的科学精神

强化安全意识：通过方案的实际操作，在构件放置和设置过程中，培养学生的安全意识，培养学生尊重生命的意识

重点知识技能点

BIM建模准备

项目图元的选择和管理

模型对象的显示和隐藏

视图的创建和管理

BIM建筑建模的创建思路

项目布局

三维建筑模型的创建和编辑

模块 3 项目建模准备

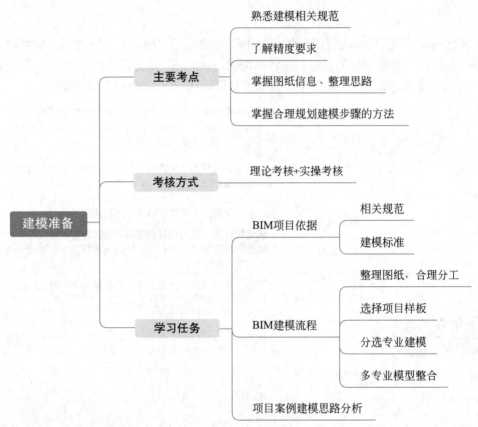

- 建模准备
  - 主要考点
    - 熟悉建模相关规范
    - 了解精度要求
    - 掌握图纸信息、整理思路
    - 掌握合理规划建模步骤的方法
  - 考核方式
    - 理论考核+实操考核
  - 学习任务
    - BIM项目依据
      - 相关规范
      - 建模标准
    - BIM建模流程
      - 整理图纸，合理分工
      - 选择项目样板
      - 分选专业建模
      - 多专业模型整合
    - 项目案例建模思路分析

任务 3.1　BIM 建模流程

建模流程是设计师创建模型的基本思路的体现，一般流程可以让初学者更快、更好地适应 BIM 建模的程序，保证建模过程的流畅。

1. 整理并分析图纸

无论是在实际项目的模型搭建过程中，还是参加 "1+X" 建筑信息模型（BIM）职业技能等级初级建模考试，首要步骤就是熟悉项目任务，获取建模的相应信息。在建模时根据情况可以选择直接建模，或者利用已有的二维图纸转化为三维模型。本书以二维图纸创建 Revit 三维模型的方法进行讲解。

提示

在"1+X"建筑信息模型（BIM）职业技能等级考试初级建模考试中，熟悉建模流程是考点之一，但是该考点的考核并不是只考核客观题，而是通过实操题目进行综合考核。实操考核主要是在综合建模题中，考核考生对基础知识中的制图、识图基础的掌握情况，特别是对正投影、轴测投影、透视投影的识读；形体平面视图、立面视图、剖视图、断面图、大样图的识读；土木建筑大类中各专业图纸的识读，例如建筑施工图、结构施工图、设备施工图等。因此，BIM 建模的基础必须是能够识读相关的图纸，才能够明白题目要表达的意思和要求，从而完成后面的模型创建。

考试中，综合建模题会提供项目的建筑平面图、立面图、剖面图、明细表等信息，答题前一定要先看清图纸，分清重点，找到难点，再根据情况规划建模。

项目实例

小别墅项目图纸分析。

【分析过程】

1）观察并分析结构施工图

结构施工图中能获取项目的平面信息，按照从下往上的建模顺序，先看基础平面图，依次是梁图、柱图，最后观察是否有剪力墙（本项目中没有）、结构板。在建模前大概了解结构构件的内容。

本项目中的建模难点有两个：一是结构基础不在轴线的交点处，有偏移尺寸；二是本项目中的梁有折梁，并非全部是直梁。

2）观察并分析建筑施工图

在建筑施工图中，了解工程基本情况，平面图配合立面图确定项目布局情况，观察立面图了解项目建成后的大致效果，对建模的整体有一个把握，便于厘清建模思路。

综合观察分析完图纸，厘清相应信息后，就可以动手开始建模。

2. 选择项目样板文件

任何一个项目文件的创建都必须依托相应的项目样板文件。Revit 样板文件是进行了参数、原点、过滤器等设置，方便多专业同时建模的文件，通常在实际项目的模型搭建过程中，我们会在建模初始选择自定义项目样板文件，定义项目的基础信息，并且加入项目所需的族，并进行统一命名，贴合项目实际，以提高分专业建模的效率。

在建模时，很多时候图纸的标准不同，此时使用不同的 Revit 样板文件，可以大大降低工作量，提供多专业协作的效率。

3. 分专业建模

很多实际项目体量很大，就需要对模型进行拆分设计建模，既有利于提高建模效率，也能保证计算机的运行速度。

分专业建模实际上是 BIM 特点中协同性的一大体现，协同设计是 BIM 中突出的一个特点，其目的是通过协同实现各专业之间的协调，从而达到减消错漏、提高效率和质量的效果。在实际项目的创建过程中，完成项目样板创建后，就可以把已经完成的项目样板分给不同专业的人员进行建模，按照一定的规则进行拆分，再分别进行设计和建模，实现团队的协同。

4. 多专业模型整合

各专业建模完成之后，直接将各专业的模型进行整合，最后得到参数化的模型成果。

任务 3.2　项目任务

> **提示**
>
> 　　项目以《"1+X"建筑信息模型（BIM）职业技能等级证书 职业技能等级标准》和《"1+X"建筑信息模型（BIM）职业技能等级证书考评大纲》为主线，完整讲解 BIM 项目的整个实施过程，覆盖 BIM 职业技能初级建模考试的建模方法、标记标注与注释方法、BIM 成果输出等各个考点的知识和技能。
>
> 　　从本节开始，以项目实例小别墅作为蓝本，从零开始对整个建模过程进行详细说明。项目的选择贴合"1+X"考试综合考题设计，建筑类型和体量与考试题目相似，但是为了更好地分析说明各个工具的使用，因此在细节程度上较考试题目稍难，可以直接作为考前练习使用。

1. 项目概况

项目名称：小别墅；建筑面积：580.16m²；建筑层数：地上三层；建筑高度：12.3m；建筑物耐火等级：二级；抗震设防烈度：8 度；建筑设计使用年限：50 年；建筑结构形式：钢筋混凝土框架结构。

其他详细说明参见施工图。

2. 建模说明

本项目建模内容为建筑和结构三维模型，不包括设备建模。其中结构部分包括基础、梁、柱、板，建筑部分包括墙体、幕墙、门窗、楼梯、栏杆扶手、楼板、屋顶、零星构件，以及后期模型的简单应用，包括创建明细表、图纸、视图渲染。建模项目具体构件参数及信息在建模环节进行详细讲解，此处不做说明。

3. 建模依据

"无规矩不成方圆"，要建模必须先熟悉建模规则，BIM 法律法规及行业标准就是建模的规则。

4. 项目主要图纸

本项目包括建筑和结构两部分，主要尺寸参见图纸。

1）项目平面图

小别墅项目各层平面图如图 3-1～图 3-5 所示。

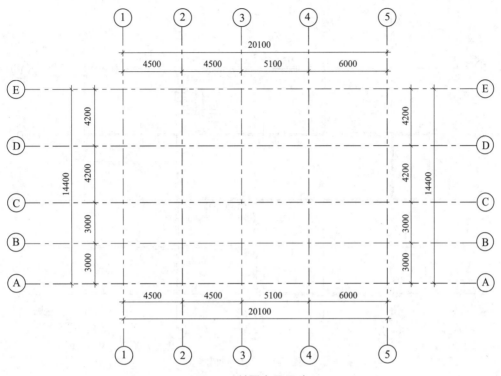

图 3-1 轴网布局尺寸

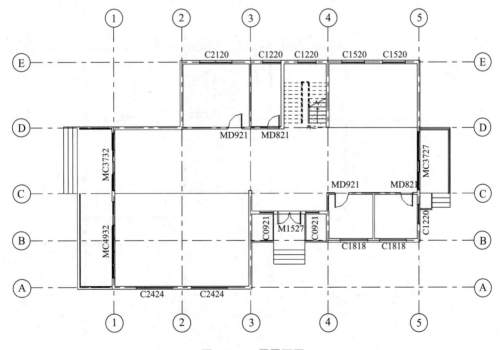

图 3-2 一层平面图

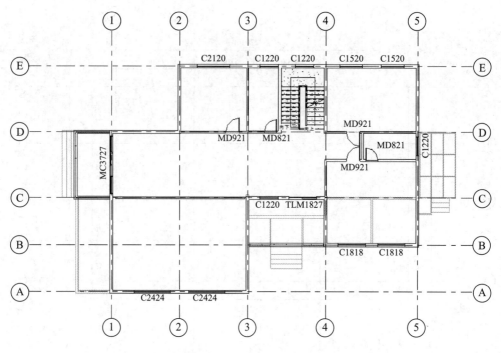

图 3-3　二层平面图

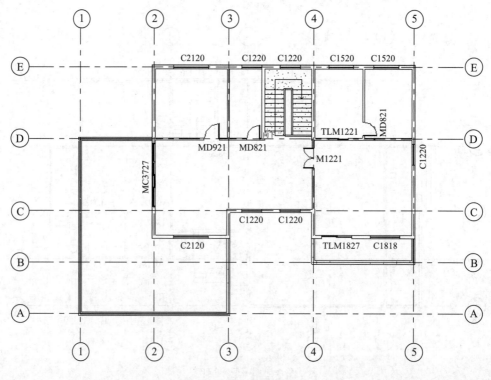

图 3-4　三层平面图

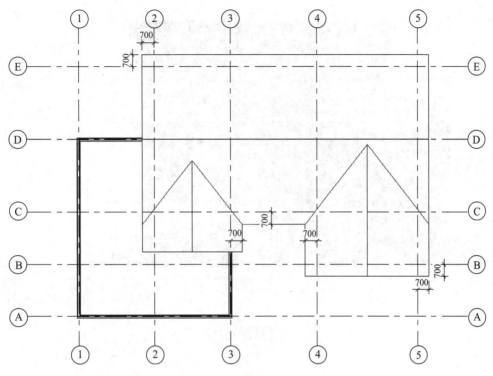

图 3-5 屋顶平面图

2）项目立面图

小别墅项目各立面图如图 3-6～ 图 3-9 所示。

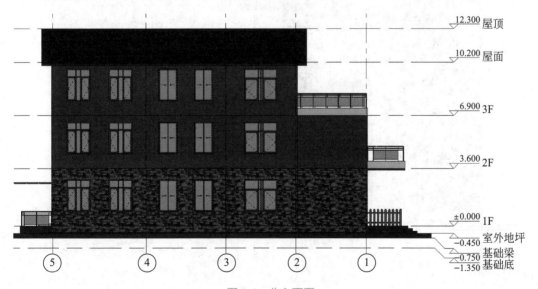

图 3-6 北立面图

图 3-7　南立面图

图 3-8　西立面图

图 3-9　东立面图

3）项目结构布置图

小别墅项目除了建筑部分外，还包括独立基础、结构梁、结构柱，在建模时需要根据各结构构件的尺寸创建精确的结构模型，具体布置图如图 3-10～图 3-17 所示。

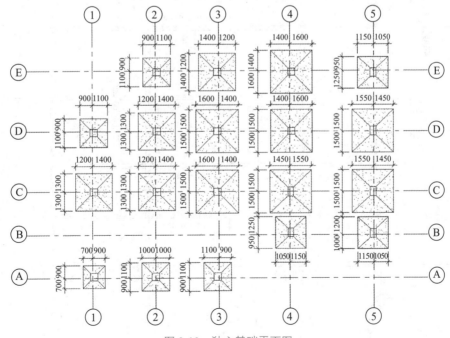

图 3-10　独立基础平面图

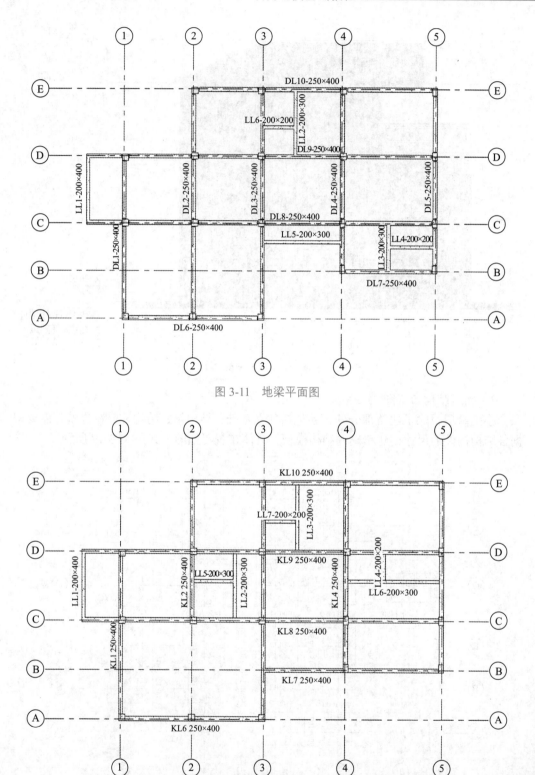

图 3-11　地梁平面图

图 3-12　3.600 层梁平面图

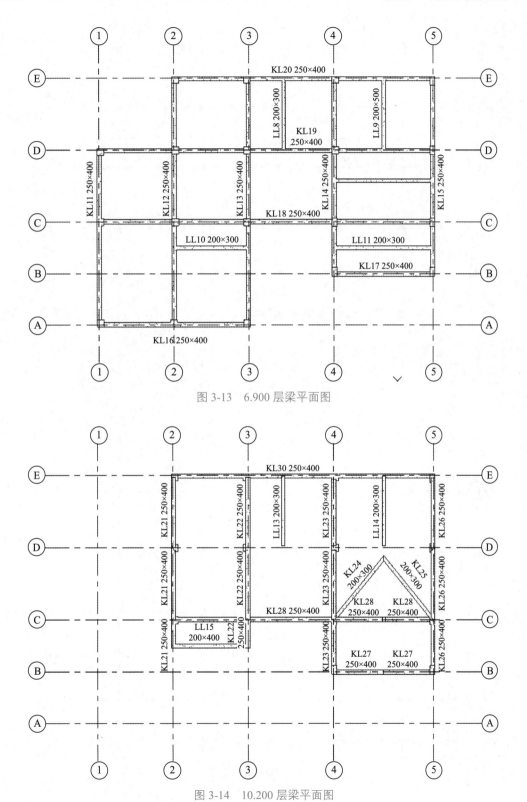

图 3-13　6.900 层梁平面图

图 3-14　10.200 层梁平面图

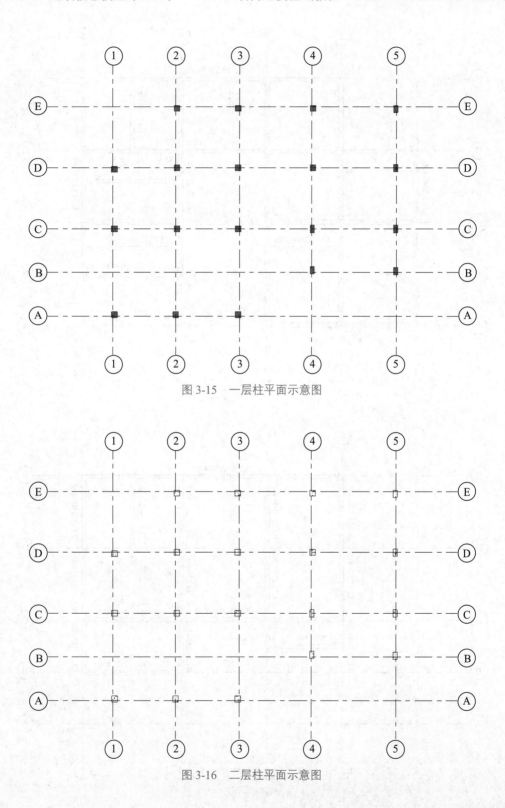

图 3-15　一层柱平面示意图

图 3-16　二层柱平面示意图

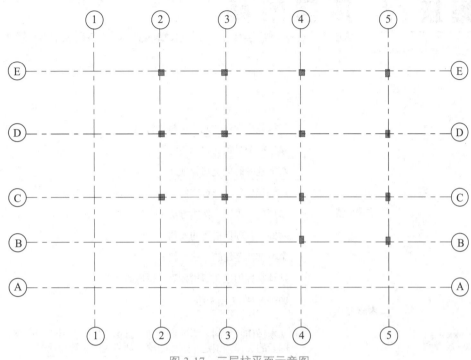

图 3-17　三层柱平面示意图

4）项目三维图

通过三维视图，能够更加直观、准确地理解项目的整体概况。在 Revit 中，可以根据需要生成任意角度的透视图，如图 3-18 所示。

图 3-18　透视图

模块 4 项目布局

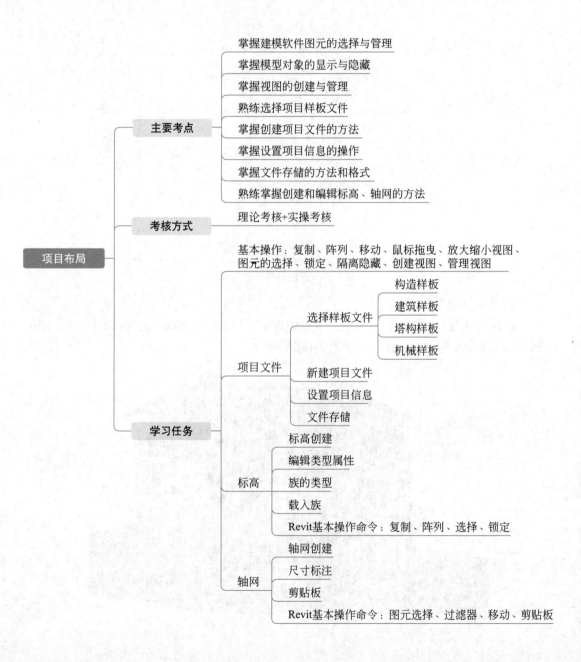

项目布局
- 主要考点
  - 掌握建模软件图元的选择与管理
  - 掌握模型对象的显示与隐藏
  - 掌握视图的创建与管理
  - 熟练选择项目样板文件
  - 掌握创建项目文件的方法
  - 掌握设置项目信息的操作
  - 掌握文件存储的方法和格式
  - 熟练掌握创建和编辑标高、轴网的方法
- 考核方式
  - 理论考核+实操考核
- 学习任务
  - 基本操作：复制、阵列、移动、鼠标拖曳、放大缩小视图、图元的选择、锁定、隔离隐藏、创建视图、管理视图
  - 项目文件
    - 选择样板文件
      - 构造样板
      - 建筑样板
      - 塔构样板
      - 机械样板
    - 新建项目文件
    - 设置项目信息
    - 文件存储
  - 标高
    - 标高创建
    - 编辑类型属性
    - 族的类型
    - 载入族
    - Revit基本操作命令：复制、阵列、选择、锁定
  - 轴网
    - 轴网创建
    - 尺寸标注
    - 剪贴板
    - Revit基本操作命令：图元选择、过滤器、移动、剪贴板

任务 4.1 项目文件

在"1+X"建筑信息模型（BIM）职业技能等级考试初级建模考试中，由于考试时间的限制，在建模流程环节不需要进行专业的拆分和整合。

建议使用以下设计流程：分析考题图纸 → 选择样板文件 → 创建项目文件 → 录入项目信息 → 创建标高轴网 → 创建基本模型 → 视图细节调整 → 添加注释信息 → 渲染效果图 → 布图输出 → 文件存储。

1. 新建项目

前面任务中我们分析了小别墅项目的图纸，明确了建模流程和项目难点。模型的建立必须要有项目文件存储对应的模型信息，新建项目可以选择不同的方法完成。

1）方法一

在启动界面中，单击左上角【文件】选项卡，单击【新建】，在新建列表中选择【项目】，如图 4-1 所示，弹出【新建项目】对话框，如图 4-2 所示，单击【样板文件】下拉箭头，在下拉菜单中选择需要的参照样板，默认【新建】【项目】，单击【确定】按钮，进入操作界面。

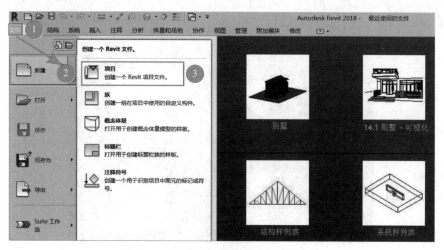

图 4-1　启动界面文件选项卡"新建"

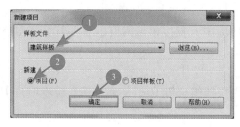

图 4-2　"新建项目"对话框

2）方法二

在启动界面中，单击上方"快速访问工具栏"中【新建 □】按钮，如图4-3所示，在【新建项目】对话框（图4-2）中，选择需要的参照样板，确定后进入新文件的操作界面。

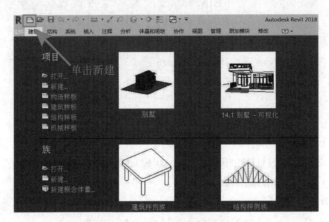

图4-3 快速访问工具栏"新建"

3）方法三

在启动界面的项目环境中，单击【新建】选项，如图4-4所示，弹出【新建项目】对话框（图4-2），之后步骤同方法二。

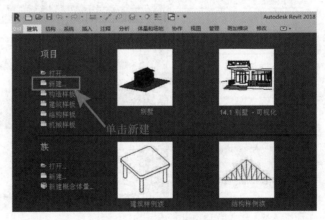

图4-4 启动界面"新建"

4）方法四

在启动界面的项目环境中，直接单击需要的参照样板，如图4-5所示，可以直接进入新项目文件的操作界面。

5）方法五

在启动界面中，使用快捷组合键 Ctrl + N 打开【新建项目】对话框，进行相应操作即可。

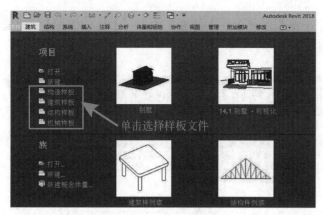

图 4-5　选择样板"新建"

2. 项目信息

创建新项目后，进入操作界面，在【管理】选项卡中可以对项目信息、项目单位、项目位置、项目参数、对象样式、项目中使用的材质等各种信息进行相应的设置。在Revit 中，设置的信息与模型是统一的整体，可反映到构件或图纸中，不需要重复录入。无论是自己创建的样板文件，还是选择的参照样板文件，都可以通过相同的方法添加项目的相关信息。

单击【管理】选项卡→【设置】面板→【项目信息】工具按钮，如图 4-6 所示，在弹出的【项目信息】对话框中输入相应的项目信息即可。

图 4-6　管理选项卡

项目实例

创建小别墅项目文件，并按要求完成BIM项目建模环境设置。

设置项目信息：①项目发布日期：2021 年 4 月 10 日；②项目名称：别墅；③项目地址：中国云南省昆明市。

【实操步骤】

（1）在启动界面中单击【建筑样板】，进入操作界面。

微课：项目文件
新建和管理

（2）单击【管理】选项卡→【设置】面板→【项目信息】工具按钮，弹出【项目信息】对话框，如图 4-7 所示。

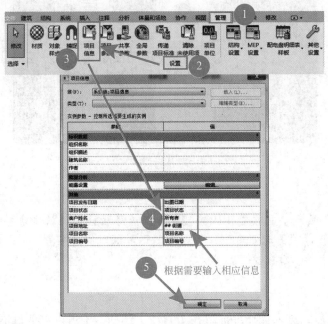

图 4-7　项目信息

（3）单击【项目发布日期】参数栏后的【出图日期】，输入参数值"2021 年 4 月 10 日"；单击【项目名称】参数栏后的【项目名称】，输入参数值"别墅"；单击【项目地址】参数栏后的【## 街道】【编辑▦】按钮，在弹出的编辑框中输入参数值"中国　云南省昆明市"后单击【确定】按钮关闭对话框，返回【项目信息】对话框，如图 4-8 所示。

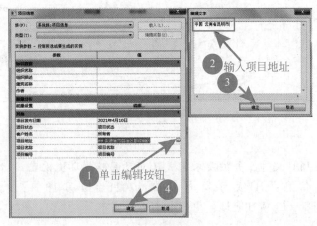

图 4-8　项目地址

（4）完成项目信息设置后，单击【确定】按钮，完成 BIM 项目建模环境设置，如图 4-9 所示。

图 4-9　项目信息设置完毕

提示

"1+X"建筑信息模型（BIM）职业技能等级考试初级建模考试中，综合建模题首先要求设置 BIM 建模环境，此部分分值不应错失。建议在新建项目后立即按照题干信息完成设置。

3. 保存项目

保存文件的方法很多，根据习惯选择即可。

1）方法一

单击操作界面上方"快速访问工具栏"中【保存 ■】命令按钮，如图 4-10 所示，在弹出的【另存为】对话框中，选择相应的文件存储路径，输入文件名称，选择文件格式，单击【保存】按钮即可。

图 4-10　快速访问工具栏

　　如果需要调整文件的备份数量，可以单击【另存为】对话框中的【选项】按钮，在弹出的【文件保存选项】对话框中设置保存文件的备份数量，单击【保存】按钮完成设置，如图 4-11 所示。

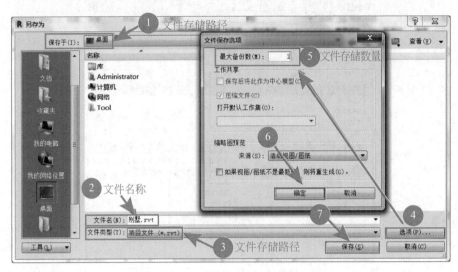

图 4-11　文件保存对话框

2）方法二

　　单击左上角【文件】选项卡→【另存为】选项，完成相应设置后单击【保存】按钮完成项目文件的保存。

3）方法三

　　使用键盘组合键 Ctrl+S，弹出【另存为】对话框，完成设置后保存为项目文件。

　　项目实例

　　按照要求完成模型文件的管理。

　　文件存储要求：新建名为"输出结果 + 姓名"的文件夹，将各模块任务的结果文件保存在该文件夹中。将模型文件命名为"别墅 + 姓名"，并保存项目文件。

　　【实操步骤】

　　（1）在存储文件位置右击弹出右键菜单，单击【新建】列表中的【文件夹】，创建一个新的文件夹。

　　（2）右击新建文件夹，将该文件夹名称重命名为"输出结果 + 姓名"。

　　（3）切换到 Revit 中，使用键盘组合键 Ctrl+S，弹出【另存为】对话框，选择文件存储路径为指定路径，在【文件名】栏中输入"别墅 + 姓名"，确认【文件类型】为项目文件（*.rvt），单击【保存】按钮，完成项目文件的创建和存储，如图 4-12 所示。

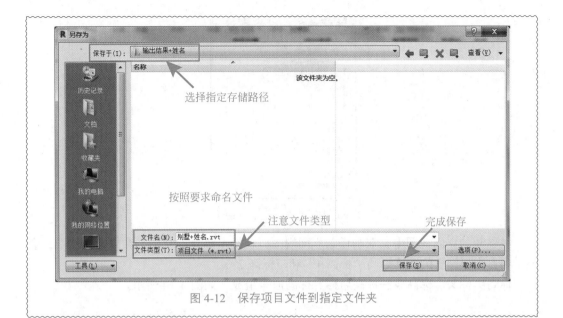

图 4-12 保存项目文件到指定文件夹

任务 4.2 标高

标高和轴网是建筑设计、施工中重要的定位信息。Revit 通过标高和轴网为建筑模型中各构件确定空间定位关系。

1. 创建标高

标高用于反映建筑构件在高度方向上的定位情况，可以用于定义楼层的层高并生成平面视图，但不是所有的标高都是楼层高度。在 Revit 中，一般先创建标高，再绘制轴网，以保证之后绘制的轴网系统出现在每一个标高视图中。

小知识

标高的绘制必须在立面视图或剖面视图中进行，每个标高可以创建一个相关的平面视图，没有标高，就没有楼层平面。

创建标高的方法首先在【项目浏览器】面板中单击"展开⊞"按钮，打开【立面（建筑立面）】视图，如图 4-13 所示。

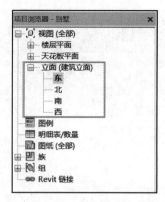

图 4-13　项目浏览器的立面视图

在展开的立面视图中，双击任意立面视图，切换至该立面视图。在立面视图中，会显示项目样板设置的默认标高"标高 1"和"标高 2"。

标高由标头、标高线、标高名称、标高值等组成，如图 4-14 所示。

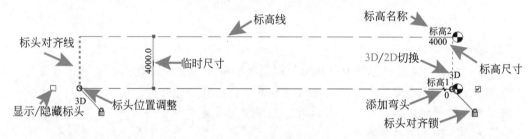

图 4-14　标高的组成

创建标高的方法有三种，分别是绘制、复制和阵列，在实际应用中以提高建模效率为标准，要学会灵活应用。

1）方法一：手动绘制标高

单击【建筑】选项卡→【基准】面板→【标高 ↔ 】工具，如图 4-15 所示，切换到【修改 | 放置 标高】上下文选项卡。

微课：标高的
创建和编辑

图 4-15　建筑选项卡基准面板标高命令

Revit 提供了两种手动绘制标高的工具，一种是直接手动绘制标高，另一种是拾取线创建标高。

（1）"线"工具绘制标高。单击【修改 | 放置 标高】上下文选项卡→【绘制】面板→【线 ╱ 】工具，或者直接使用键盘快捷键 LL，进入绘制模式，在【修改 | 放置 标高】选项栏中勾选【创建平面视图】，在放置标高时会自动创建相应的平面视图，如图 4-16 所示。

图 4-16　修改 | 放置标高选项卡

采用默认设置，移动光标至标高 2 左侧端点，Revit 将自动捕捉已有标高端点并显示端点对齐的蓝色虚线，并自动显示临时尺寸，拖动鼠标，当临时尺寸显示到所需尺寸时单击，或者直接通过键盘输入所需尺寸，确定绘制标高的起点，如图 4-17 所示。

图 4-17　绘制标高起点

沿水平方向移动光标，绘制标高，当光标移动至已有标高的右侧端点时，Revit 将自动捕捉与显示端点对齐位置，视图中会出现一条蓝色的虚线，单击完成标高的绘制，如图 4-18 所示。

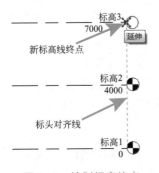

图 4-18　绘制标高终点

（2）"拾取线"工具绘制标高。单击【修改 | 放置 标高】上下文选项卡→【绘制】面板→【拾取线 ✎】工具，在【修改 | 放置 标高】选项栏中勾选【创建平面视图】,【偏移】参数值是生成的标高与拾取的标高之间的尺寸，如图 4-19 所示。

单击标高 2，作为拾取线，Revit 将以虚线显示生成的标高位置，单击"确定"按钮即可创建标高，如图 4-20 所示。

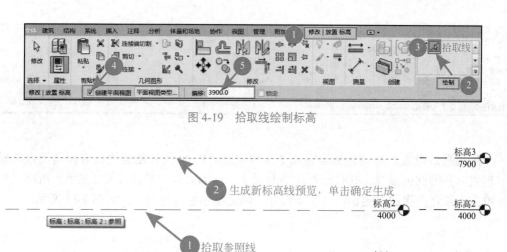

图 4-19　拾取线绘制标高

图 4-20　拾取线生成标高

通过绘制标高的方式创建的标高，默认勾选【创建平面视图】，所以 Revit 将自动生成平面视图，不需要单独创建平面视图，如图 4-21 所示。

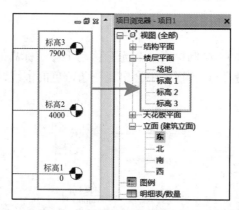

图 4-21　基于标高生成楼层平面

2）方法二：复制标高

选中任意一条标高，软件将自动切换到【修改 | 标高】上下文选项卡，在【修改】面板中选择【复制】命令，或者直接输入快捷键 CO，在【修改 | 标高】选项栏中勾选【约束】和【多个】，如图 4-22 所示。

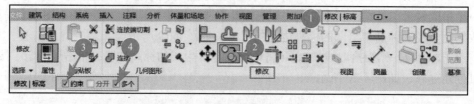

图 4-22　复制标高

小知识

【复制】命令在建模过程中可以有效地提高建模速度，是经常用到的操作命令之一。当激活【复制】命令时，勾选【约束】表示复制的标高角度锁定在90°，相当于CAD中的"正交"模式，保证复制出的标高线与原标高线对齐；勾选【多个】表示可以复制多个标高，即不需要重复激活命令，而是激活一次就可以进行多次复制。

直接拖动鼠标，根据临时尺寸的变化确认尺寸，或者直接单击临时尺寸输入确定的参数值，即可完成标高的复制，如图4-23所示。

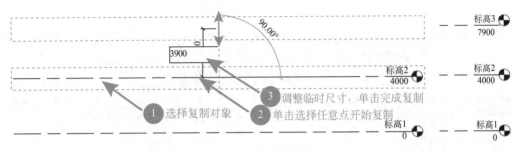

图4-23 复制生成标高

3）方法三：阵列标高

选中任意一条标高，软件将自动切换到【修改|标高】上下文选项卡，在【修改】面板中选择【阵列】命令，或者使用键盘直接输入快捷键AR激活阵列命令。

（1）阵列条件："第二个"创建标高。在【修改|标高】选项栏中禁用【成组并关联】，输入阵列【项目数】参数3，勾选【第二个】，勾选【约束】，单击选中的标高，输入数值，或者直接拖动鼠标，根据临时尺寸的变化确认尺寸后单击，即可完成标高的阵列，如图4-24所示，阵列效果如图4-25所示。

（2）阵列条件："最后一个"创建标高。在【修改|标高】选项栏中禁用【成组并关联】，输入阵列【项目数】参数，勾选【最后一个】，勾选【约束】，输入数值或者直接拖动鼠标确认尺寸后单击，完成标高的阵列，如图4-26所示，阵列效果如图4-27所示。

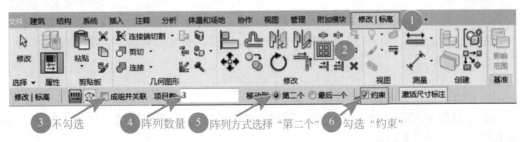

图4-24 阵列方式1

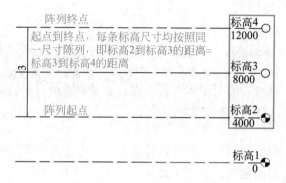

图 4-25　阵列方式 1 结果

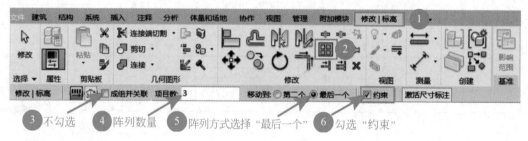

③ 不勾选　④ 阵列数量　⑤ 阵列方式选择"最后一个"　⑥ 勾选"约束"

图 4-26　阵列方式 2

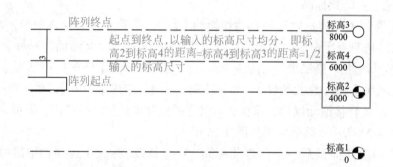

图 4-27　阵列方式 2 结果

> **小知识**
>
> 　　一般情况下，如果针对非标准层创建标高，选择复制方法效率较高，针对标准层创建标高，选择阵列方式效率较高，当然也可以根据自己的偏好使用多种方式进行创建。

2. 创建楼层平面视图

通过复制方式和阵列方式创建的标高，不会自动生成平面视图，如图 4-28 所示，此时需要单独创建平面视图。

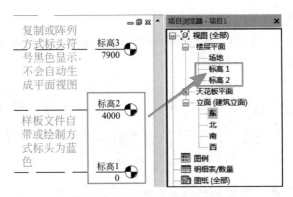

图 4-28 未自动生成楼层平面

单击【视图】选项卡→【创建】面板→【平面视图 ▥】下拉箭头→【楼层平面 ▥】工具，如图 4-29 所示，弹出【新建楼层平面】对话框。

在对话框中，选择需要创建的楼层平面，默认勾选【不复制现有视图】，单击【确定】按钮，如图 4-30 所示，即可根据所选标高创建相应的楼层平面。在【项目浏览器】面板中展开【楼层平面】，可以观察到新建的楼层平面视图。

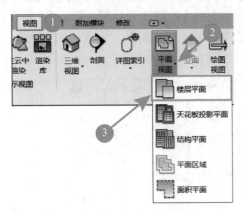

图 4-29 创建楼层平面视图

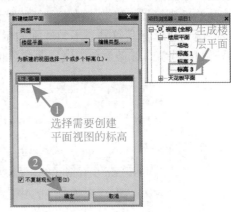

图 4-30 创建楼层平面视图

> **提示**
>
> 在"1+X"建筑信息模型（BIM）职业技能等级考试初级建模考试中，综合实操题目的最后一题都是项目的综合建模，通常以小别墅模型为题，考生可以根据自己的习惯选择不同的方式创建标高，以快速高效为原则进行即可，要注意的是如果选择使用复制、阵列的方式创建标高，一定要记得创建相应的楼层平面。

3. 修改和编辑标高

标高创建完毕并生成楼层平面后，可以对标高的细节进行调整。

1）修改标高名称

Revit 中的标高名称会自动顺序编号，因此为了提高工作效率，可以在创建标高的时候就修改标高名称，方便之后操作。

双击需要修改名称的标高，根据要求修改标高名称，单击或者按键盘 Enter 键完成标高名称的修改，如图 4-31 所示。

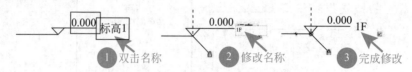

图 4-31　修改标高名称

此时会弹出【是否希望重命名相应视图】对话框，单击【是】，完成修改，此时【项目浏览器】面板中【楼层平面】内相对应的楼层平面视图的名称也一同发生变化。此时如果单击【否】，则【楼层平面】内相对应的楼层平面视图的名称不会随标高名称的变化而变化。

2）修改标头属性

选择要修改的标高，单击【属性】面板【编辑类型 🔲】按钮，弹出【类型属性】对话框，根据需要调整标高的显示，单击【符号】参数值的下拉箭头，在下拉列表中选择需要的标头符号，勾选【端点 1 处的默认符号】和【端点 2 处的默认符号】，将在标高线的两头显示标高符号，不勾选则表示隐藏某一端点处的标头，如图 4-32 所示。如果需要调整线宽、线条颜色、线型图案，也在此进行编辑即可。

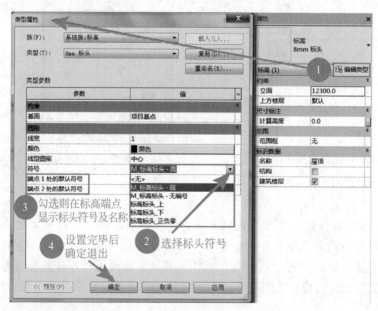

图 4-32　类型属性的编辑

3）调整标头显示

选中需要调整的标高线，在标高线两端会显示小框，勾选表示显示标头符号，不勾选表示隐藏标头符号，如图 4-33 所示。小框的功能和【类型属性】对话框中的【端

点 × 处的默认符号】功能一致。

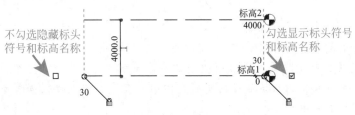

图 4-33　显示 / 隐藏标头符号

4）添加标高线弯头

如果标头比较密集，会影响视觉，为方便观察视图信息，可以通过单击折断进行调整，如图 4-34 所示。

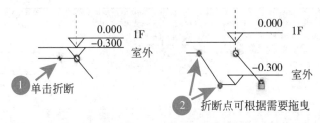

图 4-34　添加弯头并调整

项目实例

按照图纸信息完成 BIM 小别墅项目的标高创建。

【实操步骤】

（1）打开上一任务保存的"别墅＋姓名"项目文件，或者直接打开本书配套资源中工程文件"4.1 别墅－项目文件"。

微课：标头样式调整
和项目标高的创建

（2）在【项目浏览器】面板中展开【立面（建筑立面）】视图，双击选择任意立面，由于我们选择的是参照样板文件，所以打开的立面视图中已经自带了两条标高，即标高 1 和标高 2，如图 4-35 所示。

图 4-35　Revit 2018 建筑样板默认标高

（3）样板文件自带的标头和图纸中所用标头样式并不相同，此时可以利用"可载入族"来满足需要，通过"载入族"的方法添加本项目所需的标头样式。

提示

如果软件是 Revit 2016 版本，则样板文件默认的标高类型不需要修改。

> **小知识**
>
> "族"是 Revit 中一个非常重要的概念和组成，是项目的基础，是参数信息的载体。族分为可载入族、系统族和内建族三种。可载入族是单独保存为族文件，并且能够根据需要随时载入项目中使用的族；系统族不能作为单个的族文件载入或创建，是系统提供的默认族；内建族是由用户在项目中直接根据需要创建的族，只能在本项目中使用。
>
> 在后续项目中，将对族进行详细的介绍。

单击【插入】选项卡→【从库中载入】面板→【载入族 】工具按钮，弹出【载入族】对话框，如图 4-36 所示。

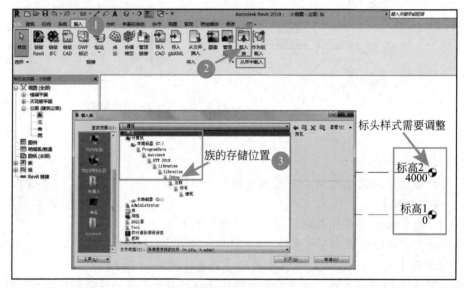

图 4-36　载入注释符号族

在弹出的【载入族】对话框中，在【查找范围】找到软件安装时族的安装位置，族的存储位置为"C://ProgramData/Autodesk/RVT2018/Libraries/Libraries/China/ 注释/符号/建筑"，打开文件夹后，单击需要的族，可以在右侧"预览"中观察选中的族，如图 4-37 所示。

选中"标高标头 _ 正负零"，按 Ctrl 键并选择"标高标头 _ 下"和"标高标头 _ 上"，选中后单击【打开】按钮，完成符号族的载入。

> **小知识**
>
> 在进行选择的时候，可以使用 Ctrl 键进行加选；使用 Shift 键进行减选；在需要选择相连的一个范围区域内的对象时，可以先选中第一个对象，再按住 Shift 键选择最后一个对象，此时可以同时选中整个相连区域内的所有对象。

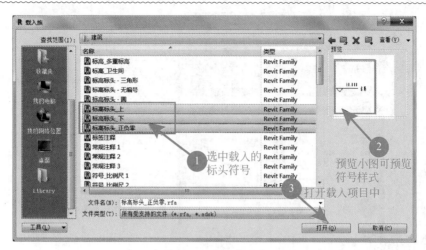

图 4-37　选择载入族

（4）调整标头的样式。载入族后，选择已有的标高 1，在【属性】面板中单击
【编辑类型 ⊞】按钮，弹出【类型属性】对话框，单击【复制】，在弹出的【名称】
文字栏中填写"零标高"，创建本项目所需标头类型，完成后单击【确定】按钮，
如图 4-38 所示。

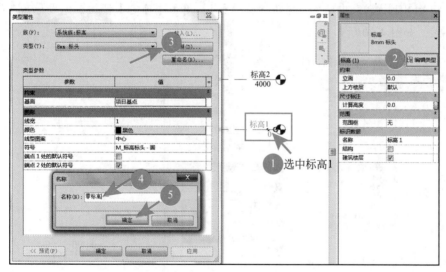

图 4-38　编辑标头类型

返回到【类型属性】对话框，在【类型参数】中的【图形】列表中，单击
【符号】参数值下拉箭头，在下拉列表中选择新载入的"标高标头_正负零"，单击
【确定】按钮完成编辑并退出对话框，会发现标高 1 的标头已经更换成和图纸相同的
标头样式，如图 4-39 所示。

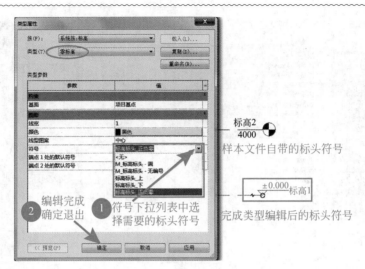

图 4-39　修改标头样式

（5）使用相同的方法，选择已有的标高2，在【属性】面板中单击【编辑类型】按钮，弹出【类型属性】对话框，单击【复制】，在弹出的【名称】文字栏中输入"上标高"，单击【确定】按钮完成新类型创建后，返回【类型属性】对话框，在【符号】下拉列表中选择"标高标头＿上"，单击【确定】按钮，完成标高2的标头样式，如图 4-40 所示。

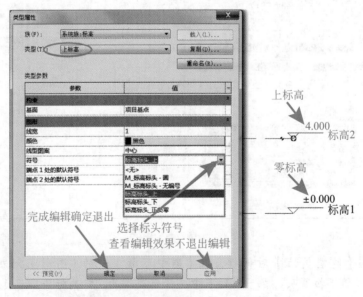

图 4-40　标头创建及样式修改

（6）双击标高1，更改标高名称为1F；双击标高2，更改标高名称为2F；按照立面图尺寸，修改2F尺寸为3.600，如图4-41所示。

图 4-41　完成标头及尺寸修改

（7）选中2F，切换进入【修改 | 标高】上下文选项卡，单击【修改】面板→【复制】工具，或者直接使用快捷键CO，在【修改 | 标高】选项栏中勾选【约束】和【多个】，进行标高的复制。

小知识

在Revit操作中，如果需要直接使用快捷键激活命令，和AutoCAD一样，一定要将输入法切换成英文输入法，再发出命令。

（8）单击标高2F任意位置确定基点，向上拖动光标，会显示一个蓝色的临时尺寸，按照立面图尺寸，拖动光标至所需尺寸处，或者依次输入尺寸3300、3300、2100，单击或使用Enter键，完成上标高的创建，结束绘制后，按Esc键退出绘制状态。完成标高复制后，修改标高的名称，如图4-42所示。

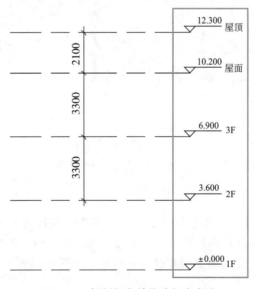

图 4-42　复制标高并修改标高名称

> **小知识**
>
> 使用"复制"方式创建标高，可以先复制出需要的标高线数量，然后通过自下而上的顺序依次调整标高数值，完成标高的创建。

（9）使用相同的方法，选中2F，向下复制标高，单击标高2F上任意位置确定基点，拖动鼠标光标向下移动，再放置三条标高线，分别调整标高参数值为 −0.450、−0.750 和 −1.350，并修改标高名称分别为"室外地坪""基础梁""基础底"。

使用"复制"方式创建标高类型的方法：在【类型属性】中创建"下标高"，将"零标高"下的三条标高线的类型属性修改为"下标高"，并为距离较近的标高添加弯头，保证能够看清楚信息，完成后如图 4-43 所示。

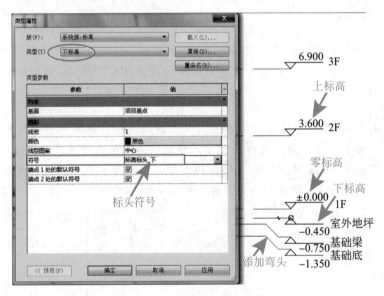

图 4-43　创建下标高并添加弯头

> **小知识**
>
> 使用【复制】【阵列】方式生成的标高标头是黑色显示，手动绘制的标高标头是蓝色显示。

（10）选择标高1F，单击【属性】面板，单击【编辑类型🔲】按钮，勾选【端点1处的默认符号】，使用同样的方法，勾选"上标高"和"下标高"类型中的【端点1处的默认符号】，完成别墅项目标高的创建，如图 4-44 所示。

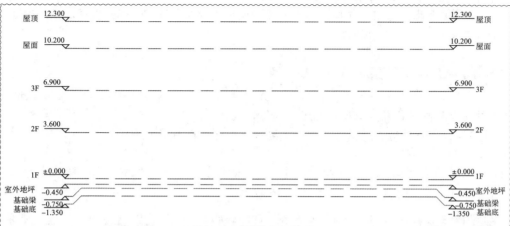

图 4-44　完成项目标高

如果需要标高的两端都显示标高符号，可以在创建标高类型时，直接勾选"端点 1 处的默认符号"，这样绘制出的标高两端就会自动显示符号，而不用再单独进行编辑，以提高效率。

（11）单击【视图】选项卡→【创建】面板→【平面视图 】下拉按钮，在下拉列表中单击【楼层平面 】，在弹出的【新建楼层平面】对话框中，单击选中 3F，按住【Shift】键，再次单击选中屋顶，完成全部可创建平面的选择，单击【确定】按钮，完成项目楼层平面的创建，创建完成后【项目浏览器】中楼层平面如图 4-45 所示。

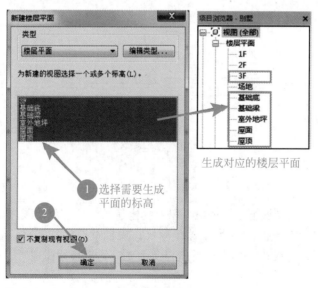

图 4-45　创建项目楼层平面

（12）至此，完成了项目标高的创建。使用快捷组合键 Ctrl+S，保存已经修改过的项目文件，以备后续的操作。

> **小知识**
>
> 完成项目标高创建之后，为了避免不慎拖动造成项目布局改变，可以使用【锁定】工具对已经完成的图元进行锁定，被锁定的图元不能被随意移动，解锁后才能再次进行移动。此步骤并非一定要进行，可以根据需要选择。

选中全部标高，自动切换进入【修改|标高】上下文选项卡，在【修改】面板中单击【锁定 🔒】工具按钮，如图 4-46 所示。

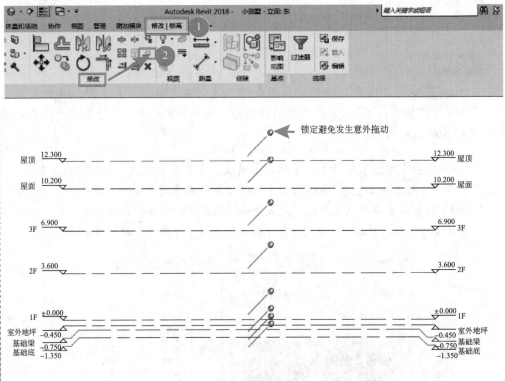

图 4-46　锁定标高

> **提示**
>
> 在 "1+X" 建筑信息模型（BIM）职业技能等级考试初级建模考试中，综合建模题目通常以二至三层的别墅模型进行考核，项目布局比较简单。考试时主要考核建筑建模，因此一般是正负零标高起向上创建二到三层标高即可。

任务 4.3　轴网

1. 创建轴网

轴网用于在平面视图中定位图元。Revit 中轴网只需要在一个平面视图中绘制一次，软件即可在其他平面、立面和剖面视图中自动生成投影。

> **小知识**
>
> 轴网的创建只能在平面视图中进行，这也是先创建标高再创建轴网的原因。标高创建完成以后，切换至楼层平面视图，进行轴网的创建和编辑。

"轴网"的创建、修改操作与标高的创建、操作方法相同。与标高不同的是，在项目样板文件中不会有预先设置的轴网，需要手动绘制第一条轴线，再以此为基础绘制、复制或者阵列生成其他轴网。

> **项目实例**
>
> 按照图纸信息完成 BIM 小别墅项目轴网的创建。
>
> 【实操步骤】
>
> （1）打开上一节保存的项目文件，或者直接打开本书配套资源中工程文件"4.2 别墅 – 标高"文件，在【项目浏览器】中展开【楼层平面】视图。
>
>
>
> 微课：轴网的创建和编辑
>
> （2）双击切换到 1F 平面视图，可见绘图区域内有四个立面标识符号，在创建项目布局时一定要保证绘制在四个立面标识符号范围之内，如图 4-47 所示。
>
> > **小知识**
> >
> > 如果遇到项目较大，轴线多而复杂的情况，绘制之前，可以在操作界面的绘图区域内，选中立面标识符号，将四个立面标识符号往外稍微移开，保证创建的轴网在四个立面标识之内。 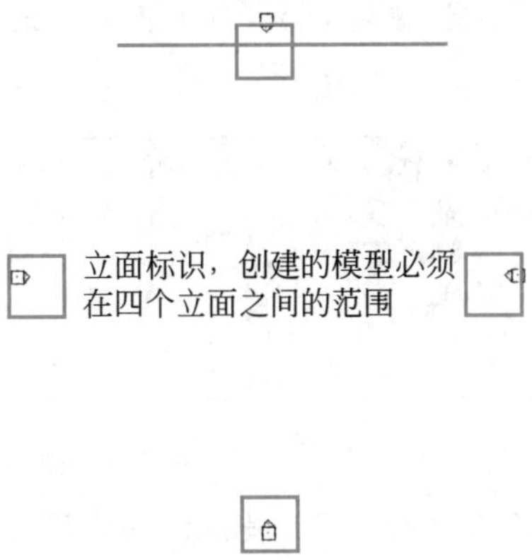
>
>
>
> 立面标识，创建的模型必须在四个立面之间的范围
>
> 图 4-47　绘制范围

（3）单击【建筑】选项卡→【基准】面板→【轴网⌗】命令，或者直接使用快捷键 GR，如图 4-48 所示，切换到【修改|放置 轴网】上下文选项卡，选中【绘制】面板中的【直线／】工具按钮，如图 4-49 所示。

图 4-48　建筑选项卡基准面板轴网命令

图 4-49　修改|放置 轴网选项卡

（4）在空白处单击，确定第一条垂直轴线的起点，光标向上移动，在终点处单击结束，Revit 将在起点和终点间显示绘制的轴线，轴线会自动编号为"1"。轴网的绘制方法和标高相同，可以依次根据尺寸信息绘制其他的轴线，绘制完后按 Esc 键退出绘制模式。

> **小知识**
>
> 在绘制过程中，按住键盘 Shift 键不放，Revit 将进入正交模式，保证轴线在水平或垂直方向绘制，确保轴线的方向。

单击选中轴线 1，可以在【属性】面板中查看轴网类型，如果需要更改，单击【编辑类型⌗】按钮，进入【类型属性】对话框，根据需要调整即可，其操作与标高相同。

（5）选中轴线 1，切换进入【修改|轴网】选项卡，单击【修改】面板中的【复制❀】命令按钮，或直接输入快捷键 CO，在【修改|轴网】选项栏中勾选【约束】和【多个】，如图 4-50 所示。

图 4-50　复制轴网

（6）在轴线 1 上捕捉任意一点，确定基点，向右拖动光标，会显示一个蓝色的临时尺寸，依次输入尺寸 4500、4500、5100、6000，单击完成轴网的复制，按 Esc

键退出编辑。轴线编号将自动排序，完成轴线 2、3、4、5，如图 4-51 所示。

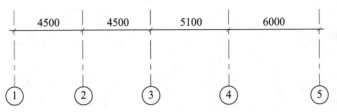

图 4-51　垂直轴线尺寸

（7）单击【建筑】选项卡→【基准】面板→【轴网 ▦】命令，移动光标绘制水平方向轴线，轴线将继续编号，修改水平轴线编号为"A"，按 Esc 键退出编辑，如图 4-52 所示。

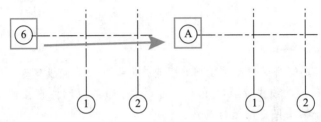

图 4-52　修改自动编号

（8）单击选中水平轴线 A，切换进入【修改|轴网】选项卡，单击【修改】面板中的【复制 ⁊】按钮，在【修改|轴网】选项栏中勾选【约束】和【多个】，拾取轴线 A 上任意一点作为基点，垂直向上移动光标，依次输入 3000、3000、4200、4200，轴线编号将以"A"为基础自动生成，完成轴线 B、C、D、E，完成项目布局，如图 4-53 所示。

（9）切换到其他楼层平面视图，发现其他楼层平面视图中已经生成了相同的轴网，切换到立面视图，在立面视图中，也已经生成轴网投影。在各立面视图中，调整轴线的长度，保证轴线和标高线相交，如图 4-54 所示。保存调整完毕的项目文件，以备后续操作。

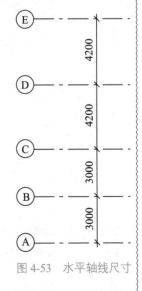

图 4-53　水平轴线尺寸

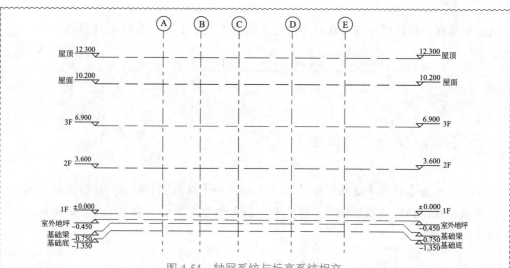

图 4-54 轴网系统与标高系统相交

> **提示**
>
> 在"1+X"建筑信息模型（BIM）职业技能等级考试初级建模考试中，一般都不会对标高、轴网的线型有具体要求，因此为了节约时间，直接使用样板文件中的设置即可，不需要再专门进行调整。

（10）切换到平面视图，选中轴网，直接使用鼠标左键拖动整个轴网系统向四个立面标识中间移动，或单击【修改|轴网】上下文选项卡→【修改】面板→【移动✥】工具按钮，将轴网放置到合适位置，如图 4-55 所示。

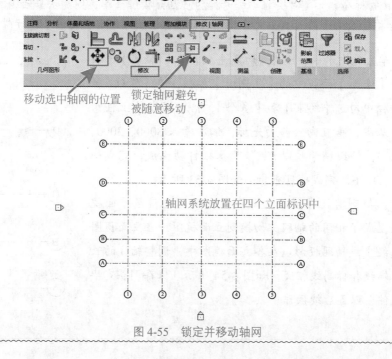

图 4-55 锁定并移动轴网

如果担心操作失误造成基准偏差，轴网的操作可以和标高一样，锁定整个轴网系统。

小知识

对标高、轴网进行锁定，并不是操作中必须进行的环节，但养成锁定的习惯，可以避免在操作过程中由于操作不当或不慎导致项目布局的偏离，进而影响模型的精确程度。

2. 编辑轴网

轴网绘制完成后，可以对轴网进行编辑和修改，方法和标高的编辑方法相同。

3. 尺寸标注

1）标注轴网

根据需要，可以对已经完成的轴网进行标注。单击【注释】选项卡→【尺寸标注】面板→【对齐✐】工具按钮，可以进行尺寸标注，如图 4-56 所示。

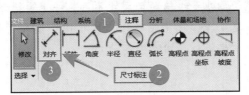

图 4-56 注释选项卡

项目实例

对小别墅的轴网进行尺寸标注。

【实操步骤】

（1）在【项目浏览器】中展开【楼层平面】视图，双击选择 1F 楼层平面。

微课：轴网的尺寸标注

（2）单击【注释】选项卡→【尺寸标注】面板→【对齐✐】工具按钮，切换进入【修改 | 放置 尺寸标注】上下文选项卡，在【尺寸标注】面板中选择【对齐✐】，如图 4-57 所示。

图 4-57 对齐尺寸标注

（3）移动光标到轴线 1 上任意一点，单击作为对齐尺寸标注的起点，向右移动光标到轴线 2 上任意一点并单击，会发现软件自动显示两点之间的尺寸。以此类推，分别单击拾取轴线 3、4、5，移动光标将尺寸标注放置到适当位置后单击空白处，完成对垂直轴线的尺寸标注，重复操作，使用相同的方法完成水平轴线的尺寸标注。

2）剪贴板

【剪贴板】在 Revit 中是一个强大的存在，可以帮助我们快速地进行图元的复制，在建模过程中可以有效地提高建模速度、建模效率。

> **小知识**
>
> "尺寸标注"属于视图专有图元，只在当前视图中显示，并不能自动在其他的视图中生成。如果需要在其他视图中也显示尺寸标注，可以使用剪贴板工具进行。

> **提示**
>
> 在"1+X"建筑信息模型（BIM）职业技能等级考试初级建模考试中，建议大家完成轴网绘制后就对轴网进行尺寸标注，并与题目图纸的尺寸进行核对，以保证后续建模的精准度。如果尺寸与题目尺寸不符，一定要把基准的尺寸调整正确，才能进入下一步的建模工作，如果怕在操作过程中不慎拖动到基准线，可以使用【锁定】工具锁定基准后再进行后面的操作。

> **项目实例**
>
> 对小别墅其他楼层平面视图的轴网进行尺寸标注。
>
> 【实操步骤】
>
> （1）双击切换到其他楼层平面视图，观察发现视图中并没有生成尺寸标注。
>
> （2）双击切换回 1F 楼层平面视图，配合使用 Ctrl 键，选择已经添加的尺寸标注，自动切换至【修改|尺寸标注】上下文选项卡，单击【剪贴板】面板上的【复制 ⬚】按钮，如图 4-58 所示。
>
>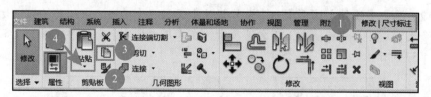
>
> 图 4-58 修改|尺寸标注
>
> 单击【粘贴 ⬚】工具下拉菜单，在【粘贴 ⬚】下拉菜单中选择【与选定的视图对齐 ⬚】，如图 4-59 所示。
>
> （3）在弹出的【选择视图】对话框中，选择"楼层平面：2F"，按住 Ctrl 键加选"楼层平面：3F""楼层平面：屋面"，单击【确定】按钮，如图 4-60 所示，在选择的视图中 Revit 会自动复制选中的尺寸标注。保存已经调整完毕的项目文件，以备后续的操作。

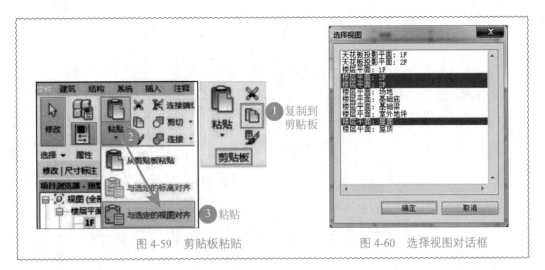

| 图 4-59 剪贴板粘贴 | 图 4-60 选择视图对话框 |

4. 图元的选择方式

在 Revit 中，图元的选择是最基础的操作，选择图元有很多种不同的方法，可以根据需要灵活选择。

微课：图元的选择和
Revit 的基本操作

1）单击选择

移动光标至任意图元上，Revit 将高亮显示该图元，单击将选中高亮显示的图元。

2）切换选择

如果在进行选择的时候多个图元重叠在一起，可以移动光标到图元位置，配合使用键盘 Tab 键，Revit 会循环高亮显示各个图元，当需要的图元高亮时，单击即可选中该图元。

3）加选

如果需要同时选择多个图元，先选中其中一个图元，然后按住键盘 Ctrl 键，移动光标至需要加选的图元上，此时光标旁边会出现一个"+"号，当图元高亮时单击即可进行加选。

4）减选

如果已经选择了多个图元，但是发现有不需要选择的图元，则要配合键盘 Shift 键进行减选。按住键盘 Shift 键，移动光标至要减选的图元上，此时光标旁边会出现一个"−"号，当图元高亮时单击即可减选。

5）框选

将光标以对角线拖曳的方式形成矩形边界时，绘制范围框进行选择。当从左往右拖曳光标绘制范围框时，生成的是实线范围框，此时被范围框全部包围的图元才能被选中，如图 4-61 所示。

从右往左拖曳光标绘制范围框，生成的是虚线范围框，此时被范围框触碰到的图元都会被选中，如图 4-62 所示。

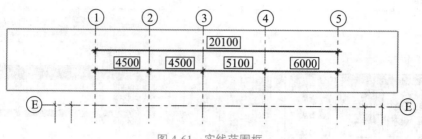

图 4-61　实线范围框

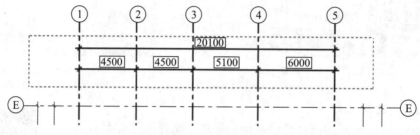

图 4-62　虚线范围框

6）过滤器选择

当视图中的图元很多，又希望快速选中其中某一类图元时，可以利用【过滤器▽】进行快速选择。选中多个图元，将会自动切换进入【修改 | 选择多个】选项卡，在【选择】面板中单击【过滤器▽】按钮，弹出【过滤器】对话框，在对话框中放弃勾选不需要的图元类型，单击【确定】按钮，即可选中所需的图元类型，如图 4-63 所示。

小知识

如果选中的图元很多，但只需要其中少数几类，可以单击【放弃全部】按钮，然后根据需要进行勾选即可快速完成某一类别图元的选择，提高效率。

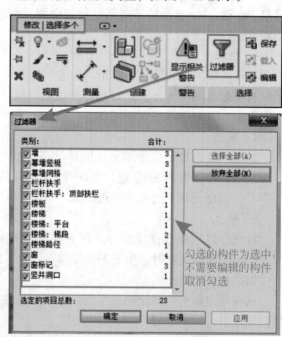

勾选的构件为选中，不需要编辑的构件取消勾选

图 4-63　过滤器工具

7）特性选择

当需要选择某一类图元的时候，还可以使用特性选择。选择某一图元，右击弹出菜单，选择【选择全部实例】，在工具列表中选择【在视图中可见】或【在整个项目中】，此时可以在任意视图中选中某一图元的所有实例，如图 4-64 所示。

图 4-64　特性选择

> **提示**
>
> 　　在"1+X"建筑信息模型（BIM）职业技能等级考试建模考试中，综合实操题目中有对应的项目立面图和平面图，按照项目图纸尺寸进行操作即可完成标高、轴网的创建。
>
> 　　在本模块项目布局中，使用了很多 Revit 中常用的修改和编辑命令，这些在后期的建模当中都是提高建模速度和效率的方法，因此，掌握标高、轴网创建和编辑的方法，对于后期建模方法的掌握有很大帮助。

模块 5 建筑建模——墙体

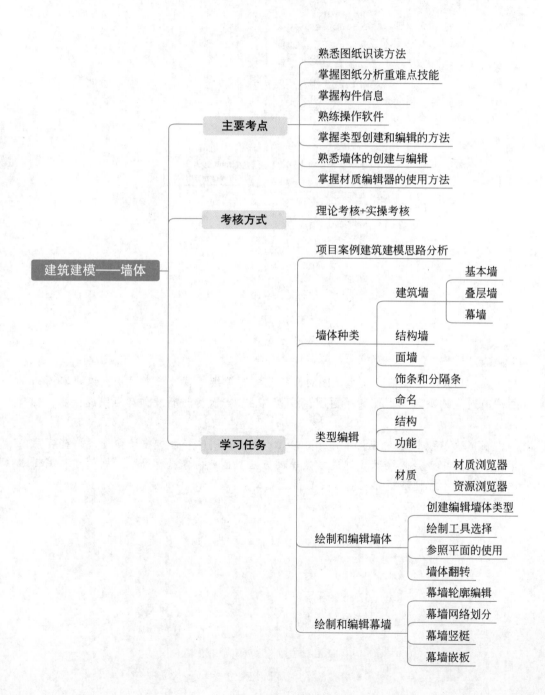

建筑建模——墙体

- 主要考点
  - 熟悉图纸识读方法
  - 掌握图纸分析重难点技能
  - 掌握构件信息
  - 熟练操作软件
  - 掌握类型创建和编辑的方法
  - 熟悉墙体的创建与编辑
  - 掌握材质编辑器的使用方法
- 考核方式
  - 理论考核+实操考核
- 学习任务
  - 项目案例建筑建模思路分析
  - 墙体种类
    - 建筑墙
      - 基本墙
      - 叠层墙
      - 幕墙
    - 结构墙
    - 面墙
    - 饰条和分隔条
  - 类型编辑
    - 命名
    - 结构
    - 功能
    - 材质
      - 材质浏览器
      - 资源浏览器
  - 绘制和编辑墙体
    - 创建编辑墙体类型
    - 绘制工具选择
    - 参照平面的使用
    - 墙体翻转
  - 绘制和编辑幕墙
    - 幕墙轮廓编辑
    - 幕墙网络划分
    - 幕墙竖梃
    - 幕墙嵌板

任务 5.1　墙体

墙体是建筑重要的组成部分，不仅起到围护和划分建筑空间的作用，还是门窗、墙饰条、灯具等建筑、设备构件的承载主体。墙体的构造及材质的设置在建筑设计中是重点考虑的因素，也是施工中重要的环节。在 Revit 中对墙体的定义会影响墙体在三维视图、立面视图、透视图中的外观表现，也会影响施工图中墙身大样图、节点详图等墙体截面的显示。

1. Revit 中的墙体分类

用户可以使用 Revit 中提供的墙工具创建不同形式的墙体。Revit 提供了【墙：建筑】【墙：结构】【面墙】三种不同的墙体创建方式和【墙：饰条】【墙：分隔条】两种在墙体上添加装饰构件的方式，如图 5-1 所示。

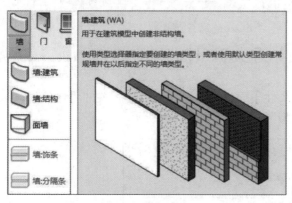

微课：墙体分类及
创建思路

图 5-1　墙工具

【墙：建筑】主要用于创建建筑的隔墙，用于分割建筑空间；【墙：结构】用于创建承重墙，结构墙的创建和建筑墙相同，但使用结构墙工具创建的墙体，可以启用分析模型，可以在结构专业中为墙图元指定结构受力计算模型，并为墙配置钢筋，因此该工具可以用于创建剪力墙等墙图元；【面墙】则是根据创建或者导入的体量表面生成异形的墙体图元。【墙：饰条】和【墙：分隔条】只有在三维视图中才能激活使用，用于对已创建好的墙体添加墙饰条和墙分隔条。

Revit 中，墙属于系统族，【墙：建筑】命令可以绘制三种类型的墙体，即基本墙、叠层墙和幕墙。

（1）基本墙既可以用来创建单一材料的实体墙，也可以用于创建多种材料的组合墙，在基本墙中可以通过添加、修改各个不同的功能层来创建项目所需要的墙体类型。

（2）叠层墙是由两种或者两种以上不同类型的普通墙在高度方向上叠加而成的墙体类型，叠加在一起的子墙在不同的高度可以具有不同的墙厚度。

（3）幕墙在 Revit 中有三种默认模式，即幕墙、外墙玻璃和店面。

2. 墙体创建思路

Revit 中墙体属于系统族，不需要从外部载入。根据图纸信息和设计说明，获取墙体的厚度、构造、材质、功能等信息，创建墙体类型和定义墙体的信息，通过绘制墙体路径生成项目墙体。

3. 定义墙体类型

绘制墙体之前，先根据相关信息创建参数化墙体的类型，以提升建模效率。

1）激活墙体工具

方法一：单击【建筑】选项卡→【构建】面板→【墙 】工具下拉按钮，在下拉列表中选择【墙：建筑 】命令，如图 5-2 所示。

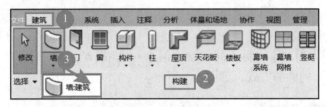

图 5-2　建筑墙工具

方法二：使用快捷键 WA，可以直接激活【墙：建筑 】工具按钮。

2）定义和编辑墙体类型

在激活【墙 】工具后，【属性】面板将会显示与墙体相关的属性信息，包括"类型选择器""实例属性""编辑类型"等信息，如图 5-3 所示。

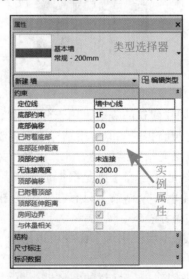

图 5-3　建筑墙属性面板

（1）类型选择器。单击【属性】面板"类型选择器"下拉按钮，里面包括了已有的参数化构件类型，可以在其中选择适合的类型直接使用，或者选择之后根据需要进行编辑修改，如图 5-4 所示。

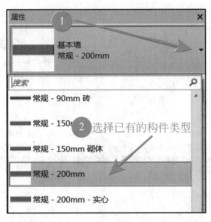

图 5-4　属性面板类型选择器

（2）类型编辑器。单击【属性】面板中【编辑类型 ☐】按钮，可以根据需要自定义墙体的具体参数化信息，如构造、功能、尺寸、材质等，如图 5-5 所示，其中的信息为类型参数。

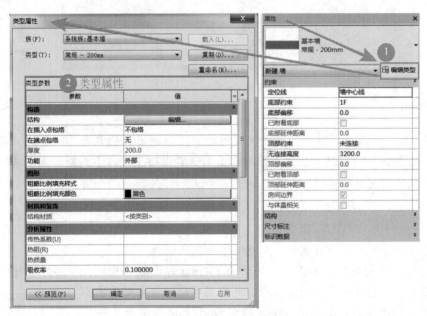

图 5-5　建筑墙类型属性

在【类型属性】面板中，根据要求通过编辑完成新类型的创建。对于"墙"而言，最主要的参数是墙的结构。单击【构造】参数栏【结构】参数后的【编辑】按钮，弹出【编辑部件】对话框，用于定义墙体的构造，如图 5-6 所示。其中会显示目前编辑的类型名称，厚度总计是根据下方的功能层的厚度自动进行计算出的数值，中部是墙体的结构，下方【插入】【删除】【向上】【向下】按钮分别用于增加、删除和调整各功能层。【功能】参数用于选择层的功能，【材质】参数用于选择和编辑所需的材质类型及显示样式，【厚度】参数用于调整功能层的厚度。

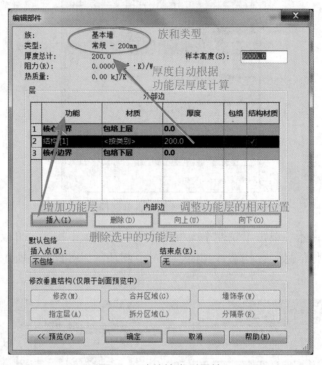

图 5-6　建筑墙类型属性

项目实例

　　根据图纸完成本项目案例小别墅墙体类型的创建。

　　墙体构件相关参数如下：①外墙为 200mm 厚混凝土砌块，一层外墙外部采用文化石贴面，内部采用乳胶漆喷涂，其他层外墙外部采用外墙漆，内部采用乳胶漆喷涂；②内墙楼梯间墙体为 200mm 厚混凝土砌块，其余房间隔墙采用 120mm 厚混凝土砌块，房间墙身内外均采用乳胶漆喷涂，卫生间和厨房内墙面使用瓷砖。

微课：墙体的
创建和编辑

　　【实操步骤】

　　（1）打开上一节保存的项目文件，或者直接打开本书配套资源中工程文件"4.3

别墅－基准"文件。

（2）双击【项目浏览器】面板 1F 楼层平面视图，单击【建筑】选项卡→【构建】面板→【墙 🗀 】工具下拉按钮，在下拉列表中选择【墙：建筑 🗀 】命令。

（3）单击【属性】面板"类型选择器"下拉按钮，选择"常规－200mm"为模板进行复制创建类型。

（4）单击【属性】面板中的【编辑类型 🖼 】按钮，弹出【类型属性】对话框，单击【复制】按钮，弹出【名称】对话框，在名称中输入"别墅－外墙－外石内漆－200mm"，完成后单击【确定】按钮，返回【类型属性】对话框，如图 5-7 所示。

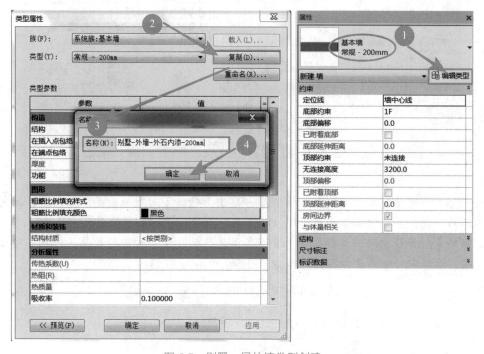

图 5-7　别墅一层外墙类型创建

提示

在"1+X"建筑信息模型（BIM）职业技能等级考试初级建模考试中，对主要建筑构件墙体的定义是重要考点之一，对命名规则也有相应要求。

按照《建筑工程设计信息模型交付标准》，文件的命名宜用汉字、拼音或英文字符、数字和连字符"－"组合，在同一项目中，使用统一的文件命名格式。

根据《建筑工程设计信息模型分类和编码标准》的规定，命名应该保持前后一致，定制多个关键字段，以便后续查询和统计。例如，墙的命名规则中包括类型名称、类型、材质、总厚度等字段。

（5）单击【构造】参数栏【结构】参数后【编辑】按钮，弹出【编辑部件】对话框，用于定义墙体的构造。

单击【插入】按钮，按照需要新增功能层，配合单击【向上】或【向下】按钮，调整新增的功能层到相应位置，如图 5-8 所示。

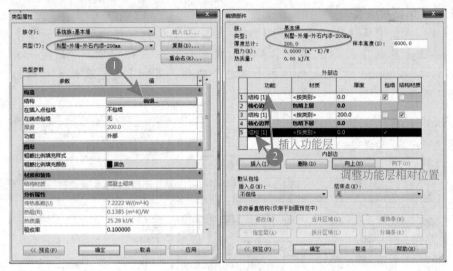

图 5-8　编辑部件添加层

（6）新增功能层移动到相应位置后，单击【功能】列表框后的下拉列表，指定各层的功能，并按照墙体构造说明修改各层的厚度，进行各功能层尺寸修改时，【编辑部件】对话框中的"厚度总计"会随各层厚度的改变自动进行计算。根据本项目说明，编辑完的功能层和各层的厚度如图 5-9 所示。

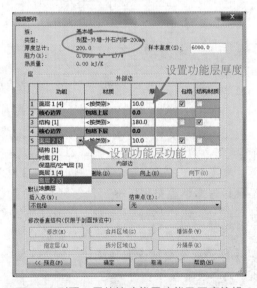

图 5-9　别墅一层外墙功能层功能及厚度编辑

小知识

Revit 中预设了 6 种层的功能，如图 5-10 所示，其中"结构 [1]"支撑其余墙、楼板或屋顶，"衬底 [2]"是其他材质的基础，"保温层 / 空气层 [3]"隔绝并防止空气渗透，"面层 1[4]"通常是外层，"面层 2[5]"通常是内层，涂膜层通常用于防止水蒸气渗透。[ ] 内的数字代表连接的优先级，墙体连接时，会首先连接优先级高的层，再连接优先级低的层，"结构 [1]"是最高优先级，"面层 2[5]"是最低优先级。

| 结构 [1] |
| 衬底 [2] |
| 保温层/空气层 [3] |
| 面层 1 [4] |
| 面层 2 [5] |
| 涂膜层 |

图 5-10　功能层

提示

在"1+X"建筑信息模型（BIM）职业技能等级考试初级建模考试中，除了考察新类型的创建外，还会对结构设计也进行考察。

考题中会对主要建筑构件参数进行具体的规定，在对构件进行创建的时候，会考察到不同的面层，例如，对墙的结构设计，对板的结构设计，除了核心材质外，有时候还可能会增加装饰面层。

在实际项目建模中，我们在对图纸进行观察和分析的时候还要注意"室内装修表"对材质的要求，保证在进行编辑类型的时候，对于厚度、构造、材质等细节有一定的掌握，这也是对识图能力的考察。

（7）选择"结构 [1]"，单击【材质】栏的"编辑 ▣"按钮，进入【材质浏览器】，在上方"搜索栏"内输入"混凝土砌块"，在搜索栏下方的项目可用材质中显示的搜索结果，在搜索结果中选中需要的材质后双击，或单击【确定】按钮，如图 5-11 所示，完成"结构 [1]"的材质编辑。

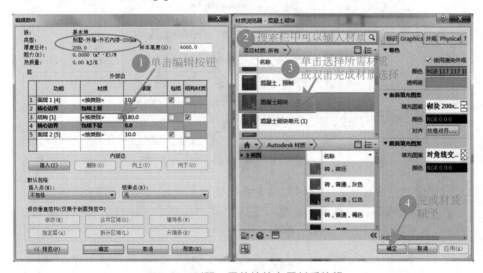

图 5-11　别墅一层外墙核心层材质编辑

小知识

Revit 中构件的创建有一个重要的环节就是赋予材质。

Revit 中材质起到 5 个方面的作用：①用于定义各构造的立面和被剖切时的显示样式；②用于定义对象在着色模式下的显示样式；③用于定义对象在真实模式及渲染时的显示样式；④用于定义对象的结构计算参数信息；⑤用于定义对象的热工物理特性。

材质的查看、赋予和管理通过【材质浏览器】完成。通过单击【管理】选项卡→【设置】面板→【材质⊗】工具按钮，如图 5-12 所示，调出【材质浏览器】。

图 5-12　材质命令

【材质浏览器】主要由五个部分组成，分别是搜索栏、项目材质列表、材质库材质列表、材质浏览器工具栏、材质编辑器，如图 5-13 所示。

微课：材质浏览器

图 5-13　材质浏览器

①搜索栏：通过搜索关键字快速查找项目的可用材质和材质库的材质。

②项目材质列表：显示当前项目可以使用的已经定义的材质。如果没有需要的材质，可以通过新建、复制、重命名等方法设置新材质。

③ 材质库材质列表：显示材质库中的默认材质，可以浏览材质库中的类别。

④ 材质浏览器工具栏：管理、新建、复制材质，以及打开资源浏览器调用材质。

⑤ 材质编辑器：用于材质的编辑，可以查看或者编辑材质的标识、外观、图形显示、物理等特性。需要说明的是，只能编辑当前项目中的材质，如果是选择库中的材质，则面板中材质的特性是只读的，不能编辑。

（8）重复相同的步骤，定义其他功能层的材质。选择第一行"面层 1[4]"，单击后面的"编辑 📄"按钮，进入【材质浏览器】，在上方"搜索栏"内输入"石"，项目可用材质中没有合适的材质，通过新建材质的方法创建材质。

单击下方【创建并复制材质 📄】下拉按钮，选择【新建材质】命令，在项目可用材质中新建一个材质，右击新建的材质，在右键菜单中选择【重命名】工具，重命名新建的材质为"文化石"，单击【打开 / 关闭资源浏览器 📄】按钮，如图 5-14 所示。

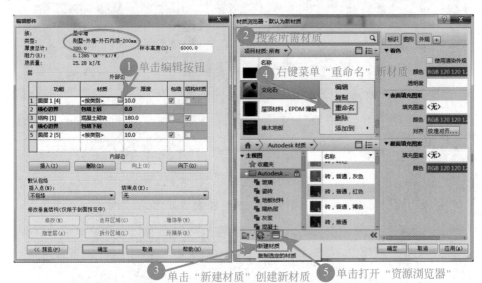

图 5-14　材质浏览器创建项目材质

在打开的【资源浏览器】中，搜索"石"材质，在"外观库"中选择"石料"，浏览右方资源，选择合适的资源后，单击材质后的【使用此资源替换编辑器中的当前资源 📄】按钮，将选中的材质替换进项目材质中，完成后单击【确定】按钮，完成对"面层 1[4]"的材质编辑，如图 5-15 所示。

（9）选择第五行"面层 2[5]"，单击"编辑 📄"按钮，进入【材质浏览器】，在上方"搜索栏"输入"漆"，项目可用材质中没有合适的材质，重复上一步骤的方法创建新材质"乳胶漆"，完成对"面层 2[5]"的材质编辑，如图 5-16 所示。

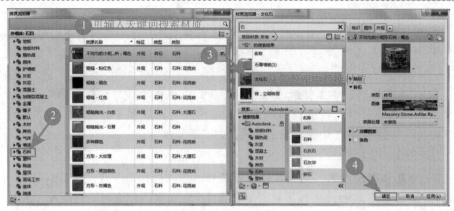

图 5-15　资源浏览器替换创建的项目材质

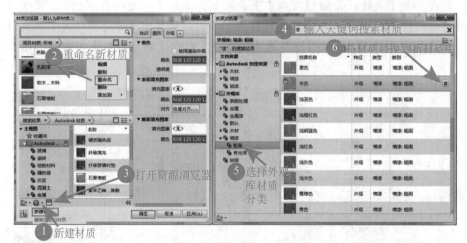

图 5-16　资源浏览器替换创建的项目材质

完成功能层材质的编辑，相关参数及材质编辑如图 5-17 所示。

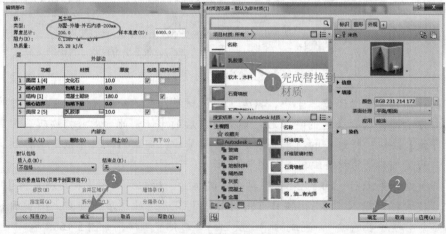

图 5-17　外墙参数及材质编辑

（10）使用"复制"的方法，创建其他类型的墙体。

① 其他层外墙定义。以一层外墙"别墅－外墙－外石内漆－200mm"为模板，"复制"创建"别墅－外墙－外漆内漆－200mm"，调整外部边"面层1[4]"材质为外墙漆，如图5-18所示，其他功能层、材质、厚度参数不变，如图5-19所示。

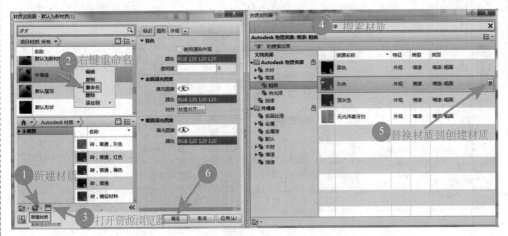

图 5-18　一层外墙"别墅－外墙－外漆内漆－200mm"材质编辑

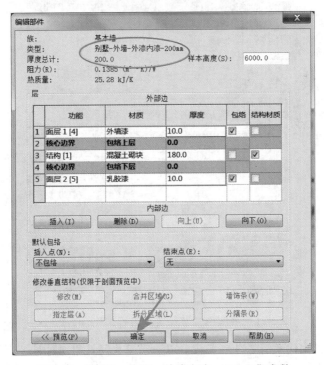

图 5-19　"别墅－外墙－外漆内漆－200mm"参数

②一层卫生间及厨房外墙定义。以一层外墙"别墅－外墙－外石内漆－200mm"为模板，"复制"创建"别墅－外墙－外石内砖－200mm"，调整功能层"面层 2[5]"材质参数，创建新材质"釉面砖"，如图 5-20 所示，其他功能层、厚度参数不变，如图 5-21 所示。

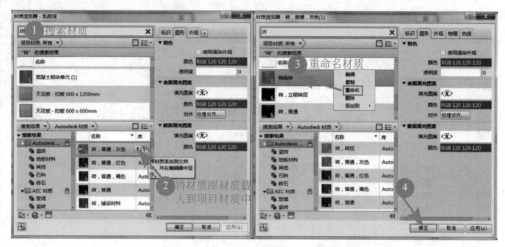

图 5-20 一层卫生间及厨房外墙"别墅－外墙－外石内砖－200mm"材质编辑

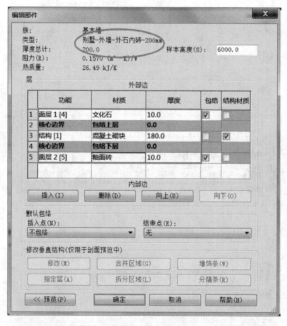

图 5-21 "别墅－外墙－外石内砖－200mm"参数

③其他层卫生间及厨房外墙定义。以一层卫生间及厨房外墙"别墅－外墙－外石内砖－200mm"为模板，"复制"创建"别墅－外墙－外漆内砖－200mm"，调整外部材质为"外墙漆"，其他功能层、厚度参数不变，如图 5-22 所示。

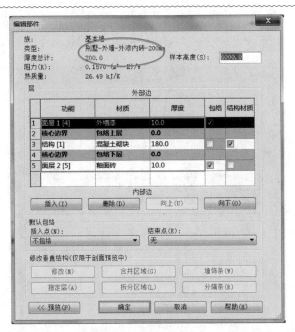

图 5-22 其他层卫生间及厨房外墙"别墅－外墙－外漆内砖－200mm"参数

④ 楼梯间内墙定义。以其他层卫生间及厨房外墙"别墅－外墙－外漆内漆－200mm"为模板,"复制"创建"别墅－楼梯间－外漆内漆－200mm",调整外部材质为乳胶漆,其他功能层、厚度参数不变,如图 5-23 所示。

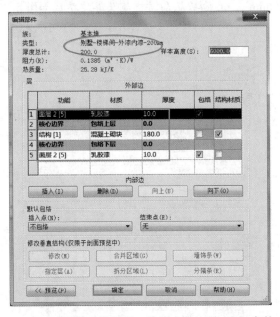

图 5-23 "别墅－楼梯间－外漆内漆－200mm"参数

再次"复制"创建"别墅－楼梯间－外漆内砖－200mm"，调整内部材质为釉面砖，其他功能层、厚度参数不变，如图 5-24 所示。

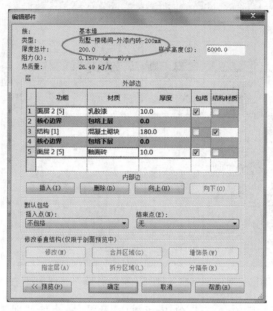

图 5-24 "别墅－楼梯间－外漆内砖－200mm"参数

⑤ 其他房间内墙定义。创建"别墅－内墙－外漆内漆－120mm"和"别墅－内墙－外漆内砖－120mm"，其他功能层、材质及厚度参数如图 5-25 和图 5-26 所示。

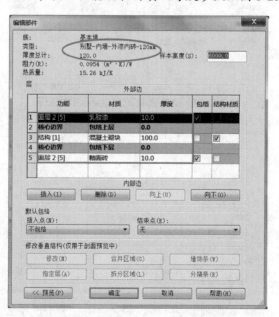

图 5-25 "别墅－内墙－外漆内漆－120mm"参数

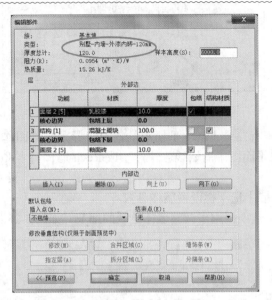

图 5-26　"别墅－内墙－外漆内砖－120mm"参数

提示

　　在"1+X"建筑信息模型（BIM）职业技能等级考试初级建模考试中，对墙体结构设计的考查是必考内容。在考试时一定要先对墙体类型进行定义，特别是墙体的厚度、构造、材质和颜色。要注意区分外墙、内墙、隔墙的相关参数。

　　在考试中未明确规定的部分我们可以自行定义，因此学习中主要是掌握类型的创建、结构的编辑、材质的赋予、厚度的编辑。本书案例墙体相关参数及材质作为参考，可以作为练习使用，熟练掌握方法即可。

　　4. 墙体的绘制

　　完成墙体的类型定义设置之后，就可以进行墙体的绘制。在实际项目操作中，可以一边创建类型，一边绘制墙体，或绘制墙体后再进行类型的编辑。

　　1）绘制墙体

　　墙体的绘制可以在平面视图和三维视图中进行，但是不能在立面视图中进行。切换到工作视图中的楼层平面视图，单击【建筑】选项卡→【构建】面板→【墙 🗋】下拉箭头，选择【墙：建筑 🗋】工具按钮，进入建筑墙绘制状态，或者输入快捷键 WA，直接进入【修改 | 放置 墙】上下文选项卡。

　　在【修改 | 放置 墙】上下文选项卡中，可以在【绘制】面板中选择墙体绘制的不同方式，Revit 中提供了多种不同的绘制工具，依次为【线 ✏】【矩形 ▢】【内接多边形 ⬡】【外接多边形 ⬡】【圆形 ◯】【起点－终点－半径弧 ✎】【圆心－端点弧 ◠】【相切－端点弧 ◠】【圆角弧 ◠】【拾取线 ✎】【拾取面 🗋】，如图 5-27 所示。

图 5-27　墙绘制工具

【拾取线 】用于有二维 *.dwg 平面图的情况，导入二维图作为底图，使用该工具可以快捷方便地拾取平面图中的墙线，快速生成 Revit 墙体。【拾取面 】用于拾取体量的面生成墙体。

2）【修改|放置 墙】选项栏设置墙体参数

【修改|放置 墙】选项栏用于调整墙体绘制的细节，如图 5-28 所示。

图 5-28　"修改|放置 墙"选项卡

（1）高度/深度："高度"是指从当前视图向上方创建墙体；"深度"是指从当前视图向下方创建墙体。

（2）未连接：在该选项中，单击下拉列表，可以选择各个楼层的标高，如果选择某楼层标高，则墙体高度由标高限制，后方数字栏不输入数值；如果选择"未连接"，则墙体高度由后面数字栏中的数值确定。

（3）定位线：【定位线】用于指定墙体的哪一个面与将在绘图区域中选定的线或者面对齐。该下拉列表中提供了 6 种墙的定位方式：【核心层中心线】【墙中心线】【面层面：外部】【面层面：内部】【核心面：外部】【核心面：内部】，如图 5-29 所示，【核心层中心线】指墙体结构层中心线，【墙中心线】指包括各构造层在内的整个墙体的中心线，【核心层中心线】和【墙中心线】并不一定重合。

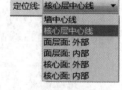

图 5-29　定位线

（4）链：勾选该选项，可以绘制在端点处连续的墙体，即绘制时第二面墙的起点是第一面墙的终点。

（5）偏移：偏移值为墙体定位线与光标位置之间的距离。

（6）半径：两面直墙的端点相连处根据设定的半径值自动生成圆弧墙。

3）【属性】面板设置墙体的实例参数

进入绘制状态时，【属性】面板将自动切换，【属性】面板中可以设置墙的实例参数，包括墙体的定位线、底部约束和顶部约束、底部偏移和顶部偏移、结构用途等，如图 5-30 所示。

（1）定位线：和选项栏中的【定位线】设置相同。

（2）底部约束：墙体底部的位置。

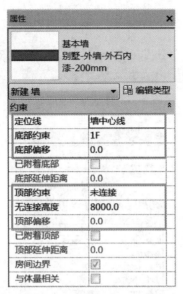

图 5-30 墙体属性

（3）底部偏移：以"底部约束"位置为基准，通过设置偏移值，调整墙体底部的位置。

（4）顶部约束：墙体顶部的位置。

（5）顶部偏移：以"顶部约束"位置为基准，通过设置偏移值，调整墙体顶部的位置。

（6）无连接高度：在没有设置"顶部约束"时设置墙体高度，和状态栏中的"未连接"使用方式相同。

（7）房间边界：勾选"房间边界"，Revit 会将该图元用作房间的一个边界，用于计算房间的面积和体积。可以在平面视图和剖面视图中查看。

项目实例

完成本项目案例小别墅的墙体绘制。

【实操步骤】

1）切换选择楼层平面

在【项目浏览器】中展开【楼层平面】，双击切换到"室外地坪"楼层平面图。

微课：墙体的绘制

2）激活墙命令

单击【建筑】选项卡→【构建】面板→【墙 ▢】下拉箭头→【墙：建筑 ▢】工具按钮，进入绘制状态，此时在绘图区域内，鼠标指针变为十字状态，在【属性】面板"类型选择器"中选择"基本墙：别墅 – 外墙 – 外石内漆 –200mm"墙类型，适当放大视图，移动鼠标指针，在【修改 | 放置 墙】上下文选项卡→【绘制】面板中选择【线 ╱】绘制方式。

在【修改 | 放置 墙】上下文选项卡中选择【高度】，设置高度到"2F"，选择定位线为【核心层中心线】，勾选【链】，保证连续绘制，如图 5-31 所示，观察【属性】面板，发现约束条件和选项栏信息一致，如图 5-32 所示。

图 5-31　修改放置墙选项栏

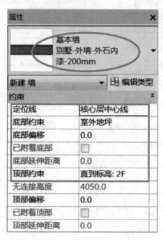

图 5-32　别墅外墙属性

3）绘制一层外墙墙体

把光标移到轴线 1 和轴线 D 的相交处，光标会自动捕捉交点，单击作为绘制的起点，按照图 5-33 所示，沿水平方向向右移动光标，沿轴线 D 捕捉轴线 2 和轴线 D 的交点处并单击，完成第一段墙体的绘制，继续沿轴线 2 向上移动至轴线 2 和轴线 E 的交点处单击，沿水平方向向右移动至轴线 3 和轴线 E 的交点处单击，按键盘【Esc】键退出。在【属性】面板【类型选择器】中选择"别墅－外墙－外石内砖－200mm"类型，继续沿轴线 3 和轴线 E 的交点向右移动至"2100"处，按键盘【Esc】键退出；在【属性】面板【类型选择器】中选择"别墅－外墙－外石内漆－200mm"类型，继续向右绘制到轴线 4 和轴线 E 的交点处单击，按 Esc 键退出。再次切换成"别墅－外墙－外石内砖－200mm"类型，由轴线 4 和轴线 E 的交点处移动至轴线 5 和轴线 E 的交点处单击，向下沿垂直方向移动光标至轴线 5 和轴线 D 的交点处，切换成"别墅－外墙－外石内漆－200mm"类型，继续向下移动至轴线 5 和轴线 C 的交点处单击，切换成"别墅－外墙－外石内砖－200mm"类型，从轴线 5 和轴线 C 的交点处向下移动至轴线 5 和轴线 B 的交点处，向左继续绘制到"3000"处，切换回"别墅－外墙－外石内漆－200mm"类型，按照任务 3.2 中所给模型的图纸所示，完成一层外墙墙体的绘制，完成后如图 5-33 所示。

4）创建三维视图

单击【视图】选项卡→【创建】面板→【三维视图 🏠】下拉箭头→【默认三维视图 🏠】工具按钮，创建三维视图，可见绘制完的一层墙体三维图，如

图 5-34 所示。

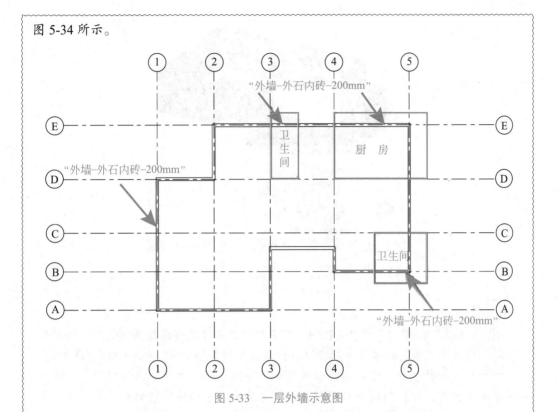

图 5-33　一层外墙示意图

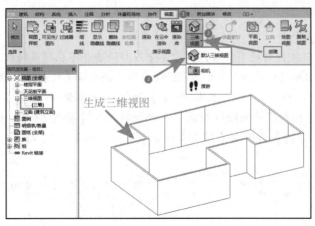

图 5-34　创建三维视图

5）选择视觉样式

为更好地观察墙体，单击操作界面下方【视图控制栏】中【视觉样式】按钮，选择【真实 ⬚】，将直观地看到赋予了材质的墙体真实效果，如图 5-35 所示。

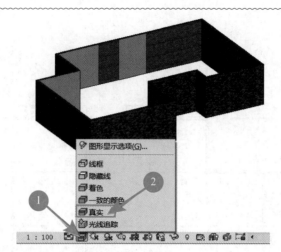

图 5-35　一层外墙真实样式下三维示意图

提示

　　在"1+X"建筑信息模型（BIM）职业技能等级考试初级建模考试中，墙体的绘制一般采用"线"的方式绘制即可，但要注意绘制的方向。Revit 和 CAD 相同，顺时针和逆时针绘制的方向会让显示的结果有所不同，由于墙体的内侧、外侧材质定义不相同，建议绘制时按照顺时针方向绘制，可以确保墙体的"内、外"方向，即外墙的外面层朝外。

　　6）设置参照平面

　　除外墙，建筑室内外还有隔墙，由于部分内部隔墙并不在建筑轴线上，因此在放置墙体时为能够精准地定位墙体，我们可以绘制参照平面来提高绘制的准确性和提高效率。

　　单击【建筑】选项卡→【工作平面】面板→【参照平面 ⬚】工具按钮，如图 5-36 所示，进入参照平面绘制模式，自动切换进入【修改|放置 参照平面】上下文选项卡，在【绘制】面板中选择【直线 ／】工具，如图 5-37 所示。

图 5-36　绘制参照平面

图 5-37　修改 | 放置 参照平面

在轴线 3 和轴线 4 之间放置 1 个参照平面,参照平面绘制出来是一根绿色的虚线,单击临时尺寸,调整参照平面与轴线的尺寸,输入数值后单击或者按 Enter 键,完成放置后按 Esc 键两次退出绘制模式,如图 5-38 所示。

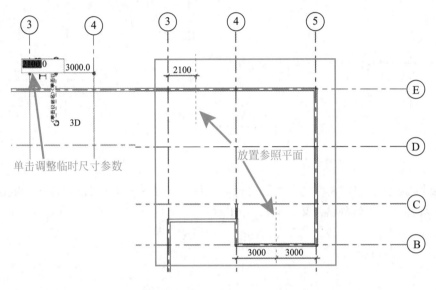

图 5-38　参照平面尺寸

小知识

参照平面是 Revit 建模的辅助工具,【参照平面 🖋】工具可以根据需要绘制辅助线,为模型的精准定位提供帮助。绘制过程中的辅助线会在为模型创建的每个平面视图中显示。参照平面只是作为建模绘制的辅助工具,因此不能对参照平面使用修建、打断等命令。

7）绘制一层内墙墙体

重复墙体的绘制方法,依照图纸绘制别墅一层内墙墙体,因为本项目墙体类型较多,需要注意绘制过程中应根据房间功能选择不同的墙体类型。

单击【建筑】选项卡→【构建】面板→【墙 🏛】下拉箭头→【墙:建筑 🏛】工具按钮,进入建筑墙绘制状态,此时绘图区域内鼠标指针变为十字状态,在【属性】面板"类型选择器"中选择"别墅-楼梯间-外漆内砖-200mm",适当放大视图,移动鼠标指针,单击【修改|放置墙】上下文选项卡→【绘制】面板→【线 ✏】工具按钮,沿 3 轴和 4 轴绘制楼梯间墙体,完成后按键盘 Esc 键退出绘制模式,如图 5-39 所示。

在【属性】面板"类型选择器"中切换选择"别墅-内墙-外漆内砖-120mm",绘制卫生间墙体,绘制完成后按键盘 Esc 键退出,如图 5-40 所示。

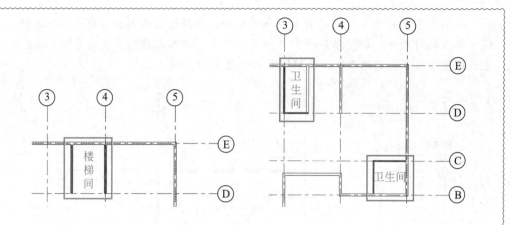

图 5-39　一层楼梯间墙体示意图　　　　图 5-40　一层卫生间墙体示意图

在【属性】面板"类型选择器"中切换选择"别墅－内墙－外漆内漆－120mm"，绘制一层其他房间的隔墙墙体，如图 5-41 所示。

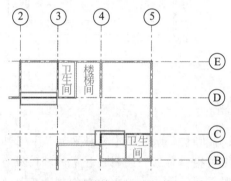

图 5-41　一层其他房间隔墙墙体示意图

绘制完成切换到三维视图观察，卫生间、厨房墙面均为瓷砖，如图 5-42 所示。

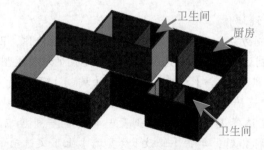

图 5-42　一层墙体三维视图

小知识

　　如果已经绘制完成的墙体，内外方向相反，可以选中该墙体，单击墙体附近出现的翻转控件 ⇆ 调整，如图 5-43 所示，或使用键盘空格键进行翻转。

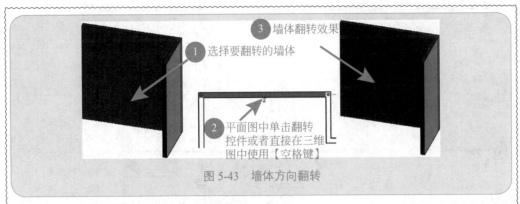

图 5-43 墙体方向翻转

8）绘制二层外墙墙体

在【项目浏览器】中双击切换到 2F 楼层平面视图，单击【建筑】选项卡→【构建】面板→【墙 🔲】→【墙：建筑 🔲】工具按钮，在【属性】面板"类型选择器"中选择"别墅 – 外墙 – 外漆内漆 –200mm"，单击【修改 | 放置 墙】上下文选项卡→【绘制】面板→【线 ✎】工具按钮，确认【修改 | 放置 墙】选项栏中【高度】为"3F"，绘制别墅二层外墙墙体，注意在卫生间位置切换墙体的类型，如图 5-44 所示。

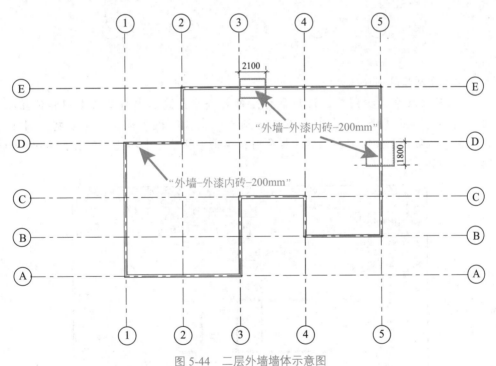

图 5-44 二层外墙墙体示意图

9）绘制二层内墙墙体

重复墙体的绘制方法，依照图纸示意绘制别墅二层内墙墙体，注意卫生间部分墙体为釉面砖，其他房间墙体为乳胶漆，在进行绘制时注意选择墙体类型，如图 5-45 所示。

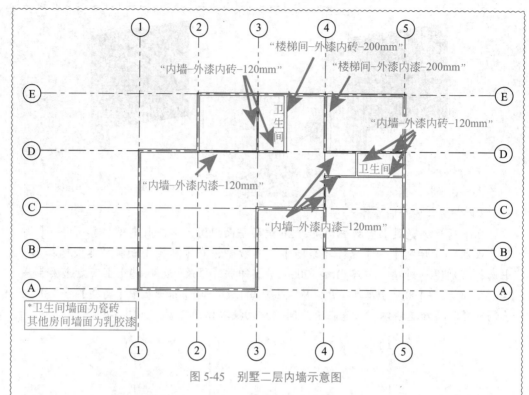

图 5-45　别墅二层内墙示意图

10）复制三层部分墙体

在 2F 楼层平面视图中，使用鼠标左键配合 Ctrl 键选中与三层类型和位置相同的墙体，单击【修改|墙】上下文选项卡→【剪贴板】面板→【复制 ▣】按钮，当【粘贴 ▣】按钮由灰色转为黑色时，单击【粘贴 ▣】功能下拉箭头按钮，如图 5-46 所示。

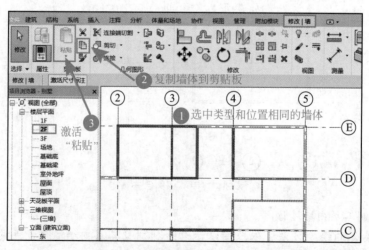

图 5-46　选择要复制的墙体并复制到剪贴板

在【粘贴】下拉列表中选择【与选定的标高对齐】，弹出【选择标高】对话框，选择"3F"，单击【确定】按钮，如图 5-47 所示。

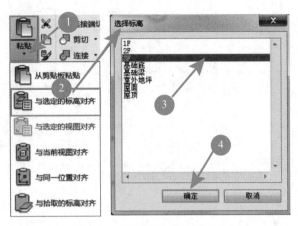

图 5-47　粘贴到选定的标高层

11）绘制三层其他部分墙体

双击切换到 3F 楼层平面视图，可以看见已经复制了选定的墙体，如图 5-48 所示。

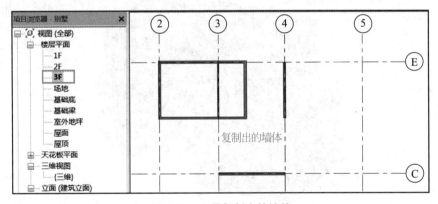

图 5-48　三层复制出的墙体

切换到 3F 楼层平面视图，单击【建筑】选项卡→【构建】面板→【墙】→【墙：建筑】工具按钮，在【属性】面板"类型选择器"中选择所需要的墙体类型，单击【修改|放置墙】上下文选项卡→【绘制】面板→【线】工具按钮，确认选项栏中【高度】为"屋面"，绘制别墅三层其他墙体，如图 5-49 所示。

完成后切换到三维视图，观察别墅墙体，如图 5-50 所示。

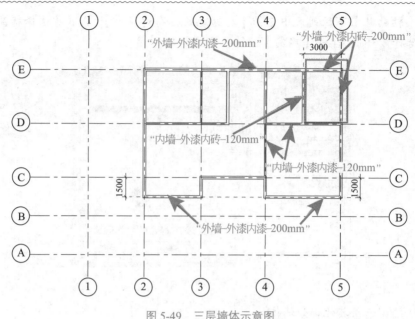

图 5-49　三层墙体示意图

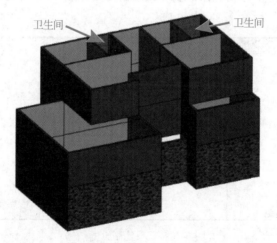

图 5-50　墙体三维视图

提示

　　在 "1+X" 建筑信息模型（BIM）职业技能等级考试初级建模考试中，内墙的位置通常不在轴线上，我们可以通过使用辅助线的方式帮助定位，或者绘制墙体后调整墙体相对位置参数，完成内墙定位，相对位置相同的墙体也可以通过【剪贴板】工具快速完成放置。

12）绘制露台、平台、花池等其他墙体

（1）切换到室外地坪楼层平面视图，"复制"创建一个新类型墙体"别墅－其他墙体－200mm"，将内、外面层材质替换为"水磨石"，如图 5-51 所示。

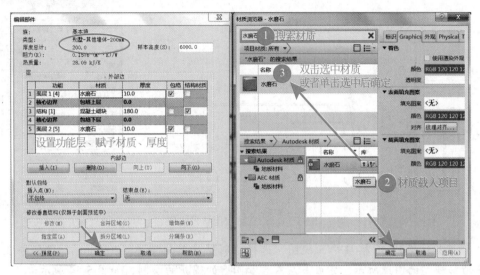

图 5-51　"别墅－其他墙体－200mm"参数

在【属性】面板中设置【约束】参数，确定【底部约束】为"室外地坪"，【顶部约束】选择"未连接"，调整【无连接高度】为"450"，按图纸所示，完成 A 轴到 D 轴之间平台的围护，如图 5-52 所示。

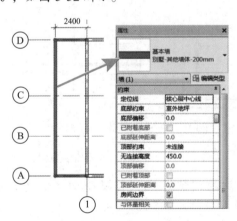

图 5-52　一层平台围护示意图

小知识

在实际项目中可以一边创建类型，一边进行放置，操作的方法都是一致的，根据个人的习惯进行即可，并没有强制性的规定。

（2）切换到 2F 楼层平面视图，选择"别墅－其他墙体－200mm"，按任务 3.2 中所给模型的图纸所示，完成二层露台的围护绘制，如图 5-53 所示。

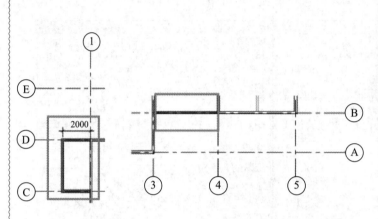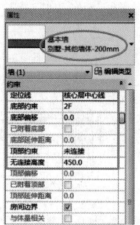

图 5-53　二层露台围护示意图

（3）切换到 3F 楼层平面视图，选择"别墅－其他墙体－200mm"，按任务 3.2 中所给模型的图纸所示，完成三层露台和阳台的围护的绘制，如图 5-54 所示。

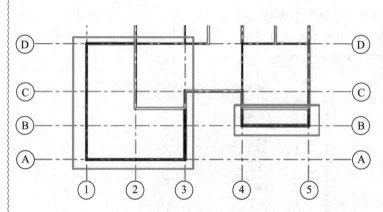

图 5-54　三层露台及阳台示意图

（4）创建花池。切换到室外地坪楼层平面，创建新类型墙体"别墅－花池－60mm"，调整厚度参数，如图 5-55 所示。

按照图纸完成别墅花池的创建，如图 5-56 所示。

13）完成全部墙体的绘制

完成全部墙体的绘制，如图 5-57 所示。以"姓名＋墙体"命名项目文件，文件格式为 .rvt，保存在"姓名＋别墅"文件夹中，以备后续的继续操作。

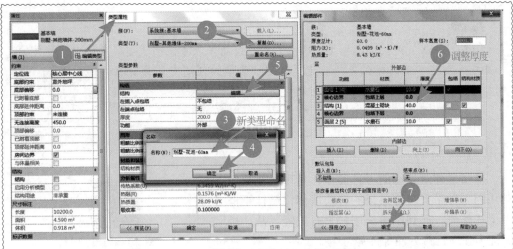

图 5-55　"别墅 - 花池 -60mm"参数

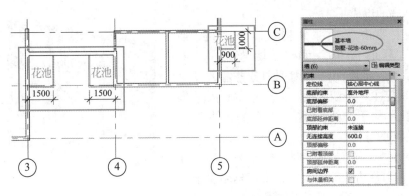

图 5-56　花池位置及实例参数

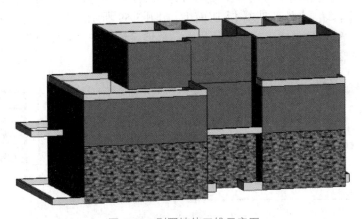

图 5-57　别墅墙体三维示意图

提示

在"1+X"建筑信息模型（BIM）职业技能等级考试初级建模考试中，构件的类型不会有本案例那么多，但是所有构件类型的创建方法都是相同的，因此掌握如何创建新类型构件，其他构件的创建也就顺手拈来。

任务 5.2 幕墙

幕墙是建筑外墙的一种类型，是现代建筑中常用的一种带有装饰效果的轻质墙体，悬挂于框架梁柱外侧，起到围护作用，具有质轻灵活、抗震能力强、维修方便等优势。

微课：幕墙组成和分类

1. Revit 中的幕墙的组成和分类

1）幕墙的组成

幕墙主要由三个部分构成，分别是"幕墙网格""幕墙嵌板"和"幕墙竖梃"，如图 5-58 所示，"幕墙网格"用于划分幕墙，其尺寸和形状决定了"幕墙嵌板"的尺寸和形状，"幕墙竖梃"则是居于"幕墙网格"生成的构件。

2）幕墙的分类

在 Revit 中，幕墙按照创建的方法不同，分为常规幕墙和幕墙系统两大类，常规幕墙属于建筑墙的一种，幕墙系统则属于构件。

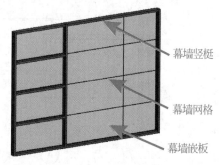

图 5-58　幕墙组成

常规幕墙的创建和编辑方法和常规的墙体相似，在 Revit 中提供三种默认常规幕墙类型，分别是【幕墙】【外部玻璃】【店面】，如图 5-59 所示。幕墙系统是一种构件，是基于体量或者常规模型表明进行创建的构建，幕墙系统制作的幕墙更为灵活，形式更丰富，在此不专门介绍。

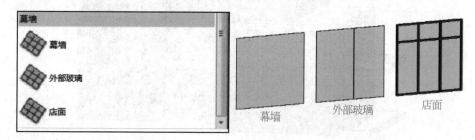

图 5-59　常规幕墙类型

2. 幕墙创建思路

Revit 中幕墙属于建筑墙中的一类，属于系统族，创建和绘制的方法和墙体类似。

不同的是幕墙根据需要可以添加幕墙网格，并进行幕墙嵌板的替换，生成个性化的幕墙。根据图纸信息和设计说明，获取幕墙的基本形状和信息，根据幕墙的尺寸绘制墙体即可。

3. 创建幕墙类型

幕墙命令和墙体命令同在【建筑】选项卡→【构建】面板→【墙 ⬜】工具中。创建幕墙类型的方式和创建其他构件的方式一致，通过【属性】面板中的【编辑类型 ⊞】按钮，在【类型属性】对话框中创建并定义幕墙的具体信息。

> **项目实例**
>
> 完成本项目案例小别墅幕墙的创建。
>
> 【实操步骤】
>
> （1）打开上一节保存的项目文件，或者直接打开本书配套资源中工程文件"5.1别墅–墙体"文件。
>
> （2）双击【项目浏览器】面板"1F"楼层平面视图，单击【建筑】选项卡→【构建】面板→【墙 ⬜】下拉按钮→【墙：建筑 ⬜】命令，在【属性】面板"类型选择器"中选择【幕墙 ◈】，如图 5-60 所示。
>
>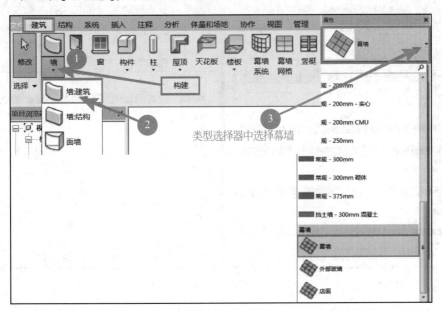
>
> 图 5-60　幕墙命令
>
> （3）单击【属性】面板中【编辑类型 ⊞】按钮，弹出【类型属性】对话框，"复制"创建"MC3727"，完成后单击【确定】按钮，返回【类型属性】对话框，如图 5-61 所示。
>
> 在【类型属性】对话框中，勾选【自动嵌入】，下拉到【标识数据】栏中，输入【类型标记】值"MC3727"，如图 5-62 所示。

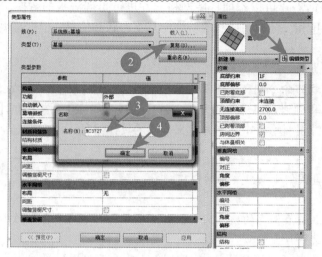

图 5-61　创建幕墙类型

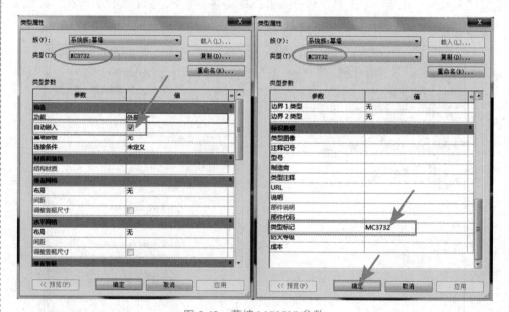

图 5-62　幕墙 MC3727 参数

（4）使用相同的方法，复制创建"MC3732"和"MC4932"两种新幕墙类型，分别调整类型标记为"MC3732"和"MC4932"。

> **小知识**
>
> 　　"类型标记"参数可以用于显示门窗构件的尺寸，通常用"M"表示门，"C"表示窗，前两位数字表示宽度，后两位数字表示高度，例如"MC3727"，表示此构件有门有窗，门窗的宽度为 3700mm，门窗的高度为 2700mm。

4. 绘制幕墙

幕墙绘制的方法与墙体绘制相同,在指定位置选择合适的绘制工具直接进行绘制即可。

项目实例

完成本项目案例小别墅幕墙的绘制。

【实操步骤】

(1)切换到 1F 楼层平面视图,在【属性】面板"类型选择器"中选择"MC3732",在【修改|放置墙】选项栏中确认【高度】为【未连接】,【未连接】参数值设置为"3200",取消勾选【链】,如图 5-63 所示。

微课:幕墙创建及轮廓编辑

图 5-63 放置幕墙

(2)移动光标至轴线 1 和轴线 D 交点附近,沿 D 轴往下偏移"300"的距离单击作为幕墙起点,沿 1 轴往下绘制"3700"距离,单击完成幕墙"MC3732"的绘制,按键盘 Esc 退出绘制。

在【属性】面板"类型选择器"中切换选择"MC4932",沿 C 轴往下偏移"500"的距离单击开始绘制,沿 1 轴往下绘制"4900"距离,单击完成幕墙"MC4932"的绘制,如图 5-64 所示。

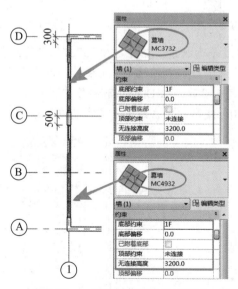

图 5-64 一层西侧幕墙位置示意图

（3）在【属性】面板"类型选择器"中选择"MC3727"，在选项栏中设置相应参数或者在【属性】面板中设置【底部约束】为"1F"，【顶部约束】为"未连接"，【无连接高度】参数值为"2700"，移动光标至右侧 C 轴和 D 轴之间，从 D 轴往下"250"的距离单击作为起点，沿 5 轴往下绘制"3700"的距离，单击完成幕墙"MC3727"的绘制，如图 5-65 所示。

（4）切换到 2F 楼层平面视图，确定选中"MC3727"，在【属性】面板中设置【底部约束】为"2F"，【顶部约束】为"未连接"，【无连接高度】参数值为"2700"，移动光标到轴线 1 和轴线 D 交点附近，从 D 轴往下偏移"250"的距离单击作为幕墙起点，沿 1 轴往下绘制"3700"距离，单击结束，完成二层幕墙的绘制，如图 5-66 所示。

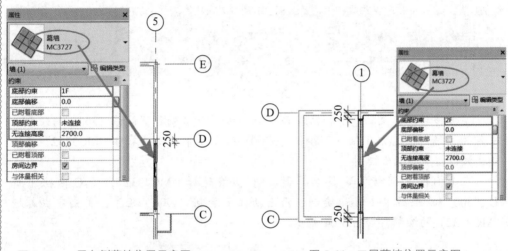

图 5-65　一层东侧幕墙位置示意图　　　　　　图 5-66　二层幕墙位置示意图

（5）切换到 3F 楼层平面视图，选中"MC3727"，【属性】面板中设置【底部约束】为"3F"，【顶部约束】为"未连接"，【无连接高度】参数值为"2700"，移动光标到轴线 2 和轴线 D 交点附近，从 D 轴往下偏移"250"的距离单击作为幕墙起点，沿 1 轴往下绘制"3700"距离，单击结束，完成三层幕墙的绘制，如图 5-67 所示。

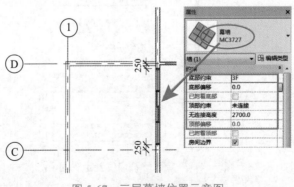

图 5-67　三层幕墙位置示意图

5. 编辑幕墙

1) 编辑幕墙轮廓

有时幕墙不一定是规整的矩形轮廓，需要重新调整。通过【编辑轮廓 ✎】功能，可以按照设计重新定义幕墙的整体轮廓形状。

项目实例

完成本项目案例小别墅幕墙的轮廓编辑。

【实操步骤】

（1）幕墙的轮廓只能在立面或者三维视图中观察，双击切换到三维视图或者立面图，选中"MC3732"，单击操作界面下方的【视图控制栏】→【临时隐藏 / 隔离 ✎】功能→【隔离图元】命令，如图 5-68 所示。

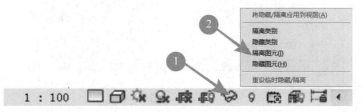

图 5-68　视图控制栏临时隐藏 / 隔离图元

小知识

【视图控制栏】中的【临时隐藏 / 隔离 ✎】功能按钮，可以将选中的图元单独隔离出来进行编辑，这样既可以避免在编辑过程中影响到其他的图元，也可以保证视觉范围内的干净，更加方便编辑。

（2）隔离出"MC3732"，单击【修改 | 墙】上下文选项卡→【模式】面板→【编辑轮廓 ✎】按钮，在隔离出的三维视图中，通过"View Cube"工具调整到"左"视图，如图 5-69 所示，方便进行轮廓编辑。

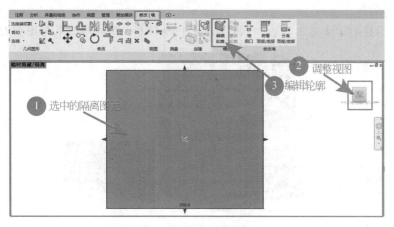

图 5-69　隔离编辑轮廓

（3）单击【修改|墙＞编辑轮廓】上下文选项卡→【绘制】面板→【线／】工具，按照图纸参数绘制轮廓边线，选择【修改】面板中的【修剪／延伸为角┓】工具，修剪边界轮廓为闭合轮廓，如图 5-70 所示，完成后单击【模式】面板中的【完成编辑模式✔】按钮，完成幕墙的轮廓编辑。

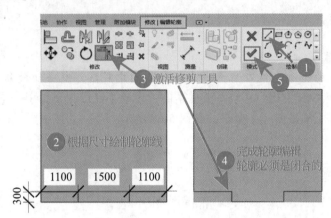

图 5-70 编辑幕墙轮廓参数

（4）单击【视图控制栏】中的【临时隐藏／隔离🕶】功能按钮，在弹出的菜单中选择【重设临时隐藏／隔离】，退出轮廓编辑。

（5）按照相同的方法对"MC4932"和"MC3727"进行轮廓的编辑，修剪尺寸示意图如图 5-71 所示。

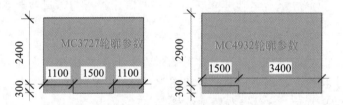

图 5-71 幕墙轮廓调整参数

（6）同样的方法完成二层、三层幕墙的轮廓调整，完成后效果如图 5-72 所示。

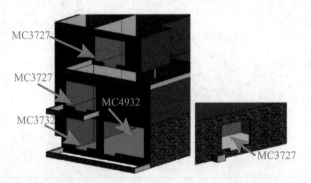

图 5-72 幕墙轮廓编辑完成三维示意图

2）划分幕墙网格

由于门、窗构件无法直接插入幕墙当中，因此需要对幕墙先划分区域，以方便后期对幕墙进行编辑，幕墙网格就是用于划分区域的分割线。

图 5-73 放置网格

Revit 中对幕墙网格的划分提供了三种不同的方式：【全部分段】【一段】和【除拾取外的全部】，如图 5-73 所示。

【全部分段】是指在所有的嵌板上放置网格线段；【一段】是指一个嵌板上放置一条网格线段；【除拾取外的全部】是指在除了选择排除的嵌板之外的所有嵌板上放置网格线段，该方式需要两个步骤，第一步是确定网格的位置，显示为红色的线，第二步开始一个新的幕墙网格命令。

项目实例

完成本项目案例小别墅幕墙的网格划分。

【实操步骤】

（1）单击【建筑】选项卡→【构建】面板→【幕墙网格 ▦】工具，切换到【修改 | 放置幕墙网格】上下文选项卡，在【放置】面板中选择【全部分段 ╪】工具，如图 5-74 所示。

微课：幕墙网格的
划分和编辑

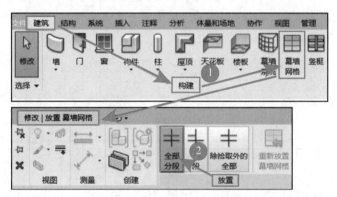

图 5-74 幕墙网格命令

（2）移动光标至幕墙边缘位置，将出现以虚线表示的幕墙网格预览，并会出现临时尺寸，在需要的尺寸点单击完成网格线的放置，修改网格线临时尺寸数值建立网格线，具体尺寸如图 5-75 所示。

（3）重复之前的操作步骤，完成"MC4932"的幕墙网格划分，如图 5-76 所示。

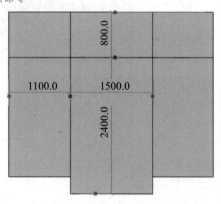

图 5-75 MC3732 幕墙网格尺寸

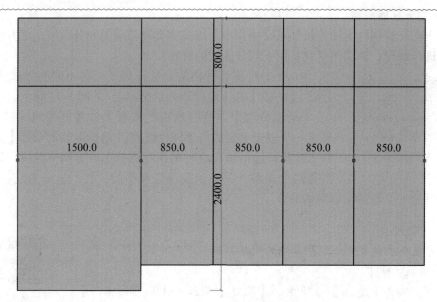

图 5-76　MC4932 幕墙网格尺寸

选中需要删除的网格线，切换到【修改 | 幕墙网格】上下文选项卡，单击【幕墙网格】面板中【添加 / 删除线段 】，再次单击需要删除的线段，如图 5-77 所示，调整完毕后如图 5-78 所示。

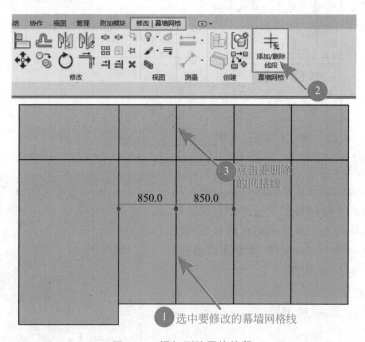

图 5-77　添加删除网格线段

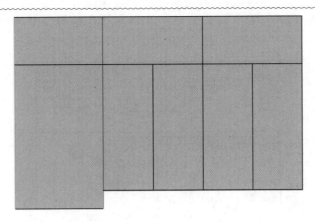

图 5-78　完成 MC4932 幕墙网格

（4）重复之前的操作步骤，完成"MC3727"的幕墙网格划分，如图 5-79 所示。

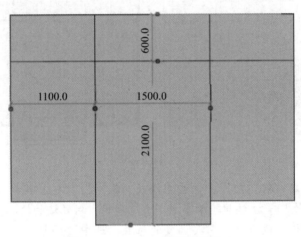

图 5-79　MC3727 幕墙网格尺寸

3）添加幕墙竖梃

幕墙竖梃是竖梃轮廓沿幕墙网格方向放样生成的实体模型，使用幕墙竖梃工具可以自由地在幕墙网格处生产指定类型的幕墙竖梃。

项目实例

完成本项目案例小别墅幕墙的竖梃添加。

【实操步骤】

（1）单击【建筑】选项卡→【构建】面板→【竖梃 ▦】按钮，切换进入【修改 | 放置竖梃】上下文选项卡，在【放置】面板中选择【全部网格线 ▦】按钮，使用默认的竖梃类型，如图 5-80 所示。

微课：幕墙竖梃添加及嵌板替换

（2）移动光标放置到"MC3727"上，单击完成竖梃的放置。观察发现，放置的竖梃没有对齐，这是因为在添加竖梃的时候是以竖梃的边界添加的，为了下一步替换幕墙嵌板，需要调整竖梃以保证幕墙嵌板的整个轮廓是规整的，如图 5-81 所示。

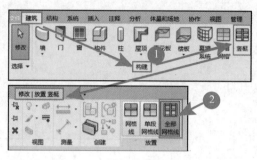

图 5-80　添加幕墙竖梃工具

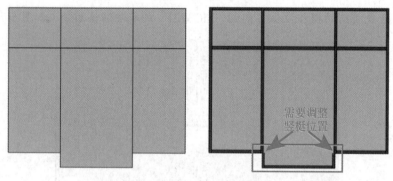

图 5-81　放置完竖梃的幕墙

（3）选中幕墙"MC3727"，单击【修改 | 墙】上下文选项卡→【编辑轮廓 📝】按钮，进入【修改 | 墙 > 编辑轮廓】上下文选项卡，对幕墙的轮廓重新进行编辑。

利用鼠标滚轮，适当放大需要调整的位置，选中要调整的边界，单击【修改 | 墙 > 编辑轮廓】上下文选项卡→【修改】面板→【偏移 ≞】工具，在选项栏选择【数值方式】，输入偏移值为"25"（竖梃一半的尺寸），将光标放置到需要调整的边线上，将会出现虚线，表示要偏移到的位置，如图 5-82 所示。

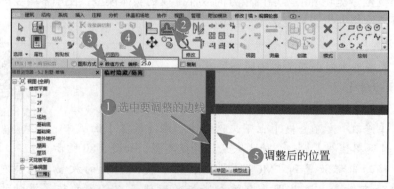

图 5-82　调整轮廓边界

　　边界调整完毕后，单击【模式】面板中的【完成编辑模式 ✔】按钮，如果弹出错误警告对话框中提示不能创建竖梃，选择"删除图元"，如图 5-83 所示。

图 5-83　错误警告

　　重复添加【竖梃】命令，选择【单段网格线】，单击要放置竖梃的网格边界，完成竖梃的修改，完成后如图 5-84 所示。

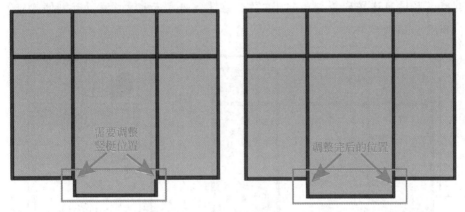

图 5-84　调整完毕的轮廓

　　（4）用同样的方式，为其他幕墙添加竖梃，完成后如图 5-85 所示。

图 5-85　MC4932 幕墙竖梃

4）设置幕墙嵌板

幕墙网格完成后，Revit 根据网格线段形状将幕墙分为多个独立的幕墙嵌板，可以根据需要自由制定和替换每个幕墙嵌板。

嵌板可以替换为系统嵌板族、外部嵌板族、任意基本墙及叠层墙族类型。其中 Revit 软件提供的"系统嵌板族"包括"玻璃""实体"。默认的幕墙嵌板是"玻璃"，如果要替换幕墙的嵌板，需要将所需替换的系统嵌板族、外部嵌板族、任意基本墙及叠层墙族载入到项目之中。

项目实例

完成本项目案例小别墅幕墙嵌板的替换。

【实操步骤】

（1）选择"MC3727"，进行图元隔离，配合【Tab】键选中需要替换的嵌板，直到所需幕墙网格嵌板高亮显示时单击，在【属性】面板中单击【编辑类型🔲】按钮，如图 5-86 所示。

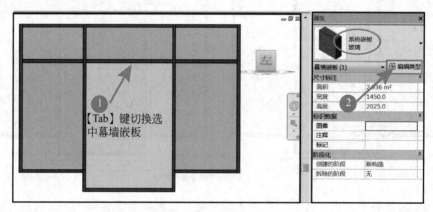

图 5-86　选中替换嵌板

小知识

幕墙编辑的过程中，由于在同一位置会有很多不同的图元重叠在一起，要直接选中要编辑的图元很不方便，此时可以移动光标到需要选择的图元位置，配合使用键盘【Tab】键进行切换选择，Revit 会循环高亮显示各个图元，当需要的图元高亮时，单击即可选中该图元。

（2）在【类型属性】面板中单击【载入】，弹出【载入族】对话框，在族存储文件夹中 "C://ProgramData/Autodesk/RVT2018/Libraries/Libraries/China/ 建筑 / 幕墙 / 门窗嵌板"浏览选择合适的"族"，如图 5-87 所示。

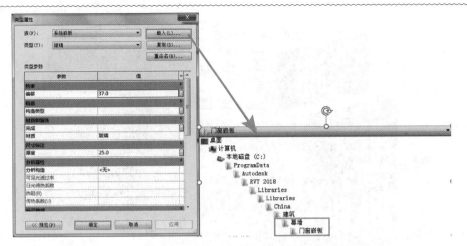

图 5-87 载入幕墙门窗嵌板族

在"1+X"建筑信息模型（BIM）职业技能等级考试初级建模考试中，由于考试的时间有限，因此，在没有对构件进行具体要求的时候，可以通过从族库中载入族的方式直接选择可以使用的图元，以提高考试时的操作效率。

（3）在【属性】面板"类型选择器"列表中选择载入的嵌板族，选择需要的门嵌板，选中的幕墙嵌板将替换成选中的门嵌板，如图 5-88 所示。使用相同的方法，可以将门两侧的嵌板替换成窗嵌板。

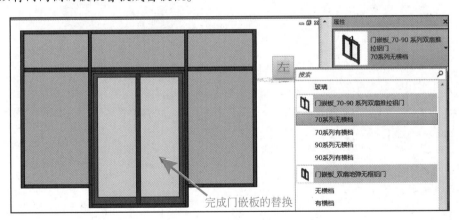

图 5-88 替换成门嵌板

（4）使用相同的方法，完成项目幕墙的编辑。完成后保存项目文件到指定文件夹中，以备后续继续建模。完成后的三维视图如图 5-89 所示。

图 5-89　别墅幕墙三维视图

提示

　　在"1+X"建筑信息模型（BIM）职业技能等级考试初级建模考试中，幕墙既可能会单独考核，也可能在综合建模当中考核，在现代建筑中，幕墙是一种很常见的墙类型，常规幕墙的设置方法应该要掌握。

模块 6 建筑建模——门窗

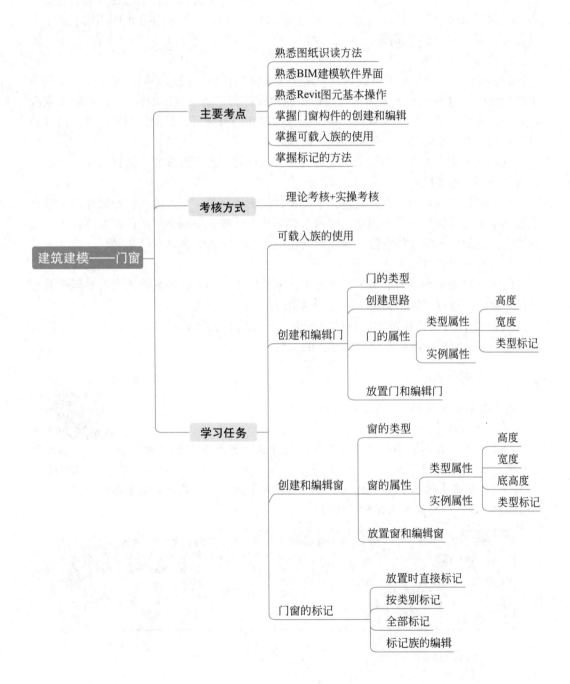

建筑建模——门窗

主要考点
- 熟悉图纸识读方法
- 熟悉BIM建模软件界面
- 熟悉Revit图元基本操作
- 掌握门窗构件的创建和编辑
- 掌握可载入族的使用
- 掌握标记的方法

考核方式
- 理论考核+实操考核

学习任务
- 可载入族的使用
- 创建和编辑门
  - 门的类型
  - 创建思路
  - 门的属性
    - 类型属性
      - 高度
      - 宽度
      - 类型标记
    - 实例属性
  - 放置门和编辑门
- 创建和编辑窗
  - 窗的类型
  - 窗的属性
    - 类型属性
      - 高度
      - 宽度
      - 底高度
      - 类型标记
    - 实例属性
  - 放置窗和编辑窗
- 门窗的标记
  - 放置时直接标记
  - 按类别标记
  - 全部标记
  - 标记族的编辑

任务 6.1　门

门窗是建筑的重要组成部分，是最常见的建筑构件之一。门的主要功能是室内空间、室内外空间的交通联系；窗的功能主要是通风采光。

微课：门窗概述

1. 门的基本类型

在建筑中，门窗的形式非常多，可以按照不同的分类方式对它们进行分类。但是在图纸中通常取决于门窗的开启方式，其他例如材质、功能、性能等在平面图纸表达中于开启方式而言属于次要属性。

2. 门的创建思路

在 Revit 中，门窗属于可载入族，是基于墙体的构件。门窗必须放置在墙、屋顶等主体图元中，这种依赖于主体图元而存在的构件称为"基于主体的构件"，即墙体或者屋顶是门窗的主体，门窗放置其上系统会自动剪切门窗洞口，移动门窗的位置，门窗洞口会自动调整，删除墙体，门窗也随之被删除。

门窗的操作可以在平面视图、立面视图、剖面视图或三维视图中进行操作，门窗可以自动识别并剪切墙体。

门窗的创建与编辑一般是在清楚了解项目门窗信息后，通过载入已经做好的（带有参数驱动）门窗族到项目环境中，经过编辑属性参数得到不同型号的门窗类型，再直接放置就能完成门的创建和放置。族的相关知识在后续模块中会有专门介绍。

3. 创建和编辑门

门窗可以添加到任何类型的墙体之中，创建门类型的方法和其他图元类型创建的方法是一致的。通过"编辑类型"创建和编辑门。

Revit 中样板文件自带的门窗种类很少，不能满足实际的项目需要，因此可以提前从族库中载入需要的族以方便后面建模的需要。

┌─ **项目实例** ────────────────────────────

完成本项目案例小别墅门的创建。

【实操步骤】

（1）打开上一节保存的项目文件，或者直接打开本书配套资源中工程文件"5.2 别墅 - 幕墙"文件。

微课：门的创建和编辑

（2）单击【插入】选项卡→【从库中载入】面板→【载入族 📥】工具按钮，如图 6-1 所示，先行载入项目所需的门族。

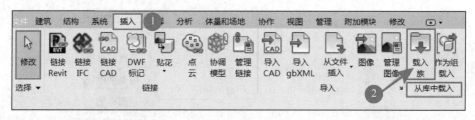

图 6-1　载入族

└──

在【载入族】对话框中，在"查找范围中"找到软件安装时族的安装位置，门族的存储位置为"C://ProgramData/Autodesk/RVT2018/Libraries/Libraries/China/建筑/门/普通门"，打开文件夹后，根据项目需要，打开"平开门"文件夹，选择"单扇嵌板木门""双扇嵌板木门"后单击"打开"；打开"推拉门"文件夹，选择"双扇推拉门"，把所需要的族载入项目当中，在库中有很多相同类型的门，根据偏好任选即可，在选择族时可以拖动鼠标浏览需要的族，在右侧"预览"小图中可以观察选中的族的预览图。

（3）在【项目浏览器】中双击切换到 1F 楼层平面，单击【建筑】选项卡→【构建】面板→【门 🚪】，如图 6-2 所示。

（4）在【属性】面板"类型选择器"中选择载入的"单嵌板木门"中的"800×2100mm"类型，如图 6-3 所示。

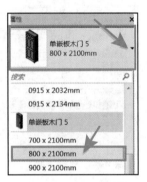

图 6-2 门命令

图 6-3 类型选择器

（5）单击【属性】面板【编辑类型 🔲】按钮，在【类型属性】对话框中单击【复制】按钮，在弹出的【名称】文字栏中输入"M0821"，单击【确定】按钮，退回【类型属性】对话框，修改【尺寸标注】栏中门的【高度】为"2100"，【宽度】为"800"，向下拖动浏览条至【标识数据】栏，修改【类型标记】为"M0821"，单击【确定】按钮，完成新的门类型"M0821"的创建，如图 6-4 所示。

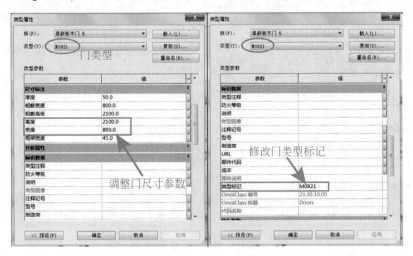

图 6-4 M0821 参数

（6）使用"复制"创建类型的方式，创建"M0921"，修改【尺寸标注】的门【宽度】为"900"，【高度】保持"2100"，修改【类型标记】为"M0921"，单击【确定】按钮，完成"M0921"的创建，如图 6-5 所示。

（7）重复相同的方法和步骤，在【属性】面板"类型选择器"中选择载入的"双面嵌板木门"，使用"复制"的方法创建"M1527"和"M1221"。

修改"M1527"的【高度】为"2700"，【宽度】为"1500"，【类型标记】为"M1527"，单击【确定】按钮，完成新的门类型"M1527"的创建，如图 6-6 所示。

图 6-5　M0921 参数

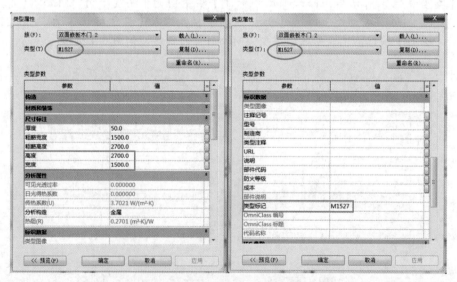

图 6-6　M1527 参数

修改"M1221"的【高度】为"2100",【宽度】为"1200",【类型标记】为"M1221",单击【确定】按钮,完成新的门类型"M1221"的创建,如图6-7所示。

图 6-7　M1221 参数

（8）在【属性】面板中"类型选择器"中选择载入的"双扇推拉门",使用"复制"的方法创建"TLM1221"和"TLM1827"。

修改"TLM1221"的【高度】为"2100",【宽度】为"1200",【类型标记】为"TLM1221",单击【确定】按钮,完成创建,如图6-8所示。

图 6-8　TLM1221 参数

修改 "TLM1827" 的【高度】为 "2700"，【宽度】为 "1800"，【类型标记】为 "TLM1827"，单击【确定】按钮，完成新的门类型 "TLM1827" 的创建，如图 6-9 所示。

图 6-9　TLM1827 参数

4. 放置门

门的放置可以在平面、立面、剖面或三维中进行，Revit 中门的 "底高度" 为 0，即默认门的底部与标高层齐平，因此在放置的时候我们主要考虑的是门在墙上的相对位置。

项目实例

完成本项目案例小别墅门的放置。

【实操步骤】

（1）确认在 1F 楼层平面视图，单击【建筑】选项卡→【构建】面板→【门 】，切换进入【修改|放置门】上下文选项卡，在【属性】面板 "类型选择器" 中选择 "M0821"，移动光标至需要放置门的墙体处，会有放置预览，轻微上下移动光标可以调整放置门的内外方向，单击确认放置，Revit 将在指定位置放置指定的门类型。

按照项目图纸所示位置放置门，如图 6-10 所示，未具体说明门距离墙体的尺寸时，门放置在靠墙位置即可，放置完毕后，按 Esc 键退出放置。

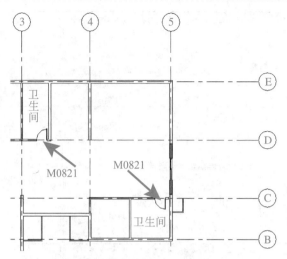

图 6-10　一层 M0821 位置示意图

（2）重复上一步操作,在【属性】面板"类型选择器"中选择"M0921",按照图纸所示位置放置门,放置好后按 Esc 键退出;再一次在【属性】面板"类型选择器"中选择"M1527",在一层入口处居中放置双开门,完成一层门的放置,如图 6-11 所示。

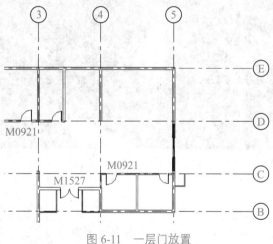

图 6-11　一层门放置

（3）观察图纸,可见轴线 2 和轴线 3 之间的卧室门和轴线 3 和轴线 4 之间的卫生间门,在二层和三层的位置和类型相同,可以使用【剪贴板】快速完成放置。

选中要复制的门,单击【修改|门】上下文选项卡→【剪贴板】面板→【复制 □】→单击【粘贴 □】下拉按钮→选择【与选定的标高对齐 □】,如图 6-12 所示。在弹出的【选择标高】对话框中,选择要复制到的标高层 2F、3F,单击【确定】按钮,完成门的快捷放置。

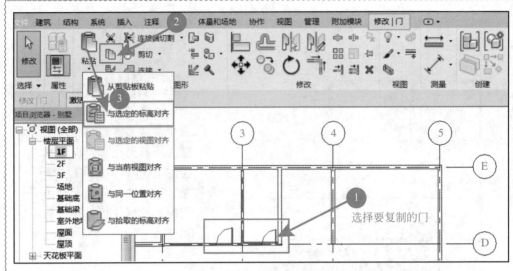

选择要复制的门

图 6-12 复制门

（4）切换到三维视图，拖动旋转可以进行观察，如图 6-13 所示。

图 6-13 用剪贴板快捷放置门

小知识

　　如果要观察建筑内的构件，可以使用【剖面框】工具。在"三维视图"的【属性】面板中，在【范围】栏中勾选【剖面框】，使用鼠标拖动绘图界面中剖面框的方向控件，可以根据需要灵活调整剖切的范围和方向，更好地对内部构件进行观察，如图 6-14 所示。例如本案例中要观察复制的门是否正确，可以拖动剖面框方向控件至图 6-15 所示范围，内部门将会一览无余。

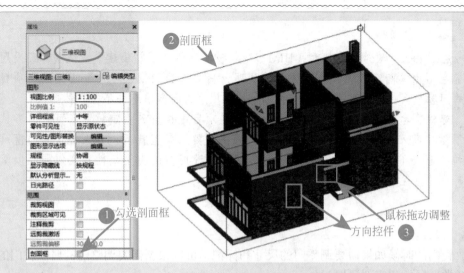

图 6-14　打开剖面框

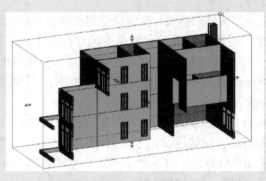

图 6-15　剖切效果

（5）切换到 2F、3F 楼层平面，按照图纸示意放置门，注意在【属性】面板的"类型选择器"中选择正确的门类型，完成其他层的门的放置，如图 6-16 和图 6-17 所示。

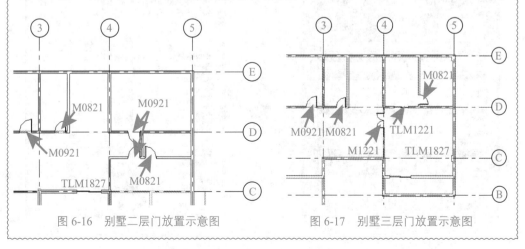

图 6-16　别墅二层门放置示意图　　　　图 6-17　别墅三层门放置示意图

> **提示**
>
> 　　在"1+X"建筑信息模型（BIM）职业技能等级考试初级建模考试中，实操题目都会给出《门窗表》或者门窗尺寸说明，需要按照门窗尺寸的要求完成在项目中的门窗放置，但除了门窗的尺寸之外，对其他的门窗信息并不做具体要求。
>
> 　　建议在考试时直接通过载入门窗族，在项目中放置到指定位置即可，在考试中不要在载入族的时候太过纠结，选择方便调整的类型就行，如果载入的门窗尺寸和门窗表不同，可以在放置的时候，通过修改门窗的类型属性和实例属性以及临时尺寸标注，修改门或窗的具体信息和位置。

5. 门的属性

　　放置门的时候如果需要调整门的尺寸和标记，可以根据需要调整门的属性。门的属性包括类型属性和实例属性。

　　1）门的类型属性

　　类型参数是调整某一类构件的参数，修改类型属性的值会影响该族类型的所有实例。

　　在门的类型属性中，对图元影响最大的是【尺寸标注】和【类型标记】参数，【尺寸标注】用来设置门的厚度、宽度和高度，通常来说类型的名称中就包括门的尺寸，例如"单嵌板木门 800mm×2100mm"表示该单嵌板木门的宽度是 800mm，高度是2100mm，如图 6-18 所示。

　　另外一个重要的参数是【标识数据】，如果需要添加更多的门的信息，可以在【标识数据】中填写相关的信息，例如注释记号、型号、防火等级、类型标记，【类型标记】可以显示门的尺寸，例如"M0721"中，尺寸"07"为宽度700mm，尺寸"21"为高度2100mm，大写 M 表示"门"。如果还需要厂商的信息，为后期的运维提供帮助，还可添加制造商、URL（制造商的网页链接）、成本等信息，如图 6-19 所示。

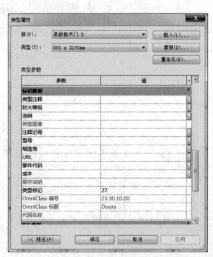

图 6-18　门类型属性 – 尺寸标注　　　　　　　　图 6-19　门类型属性 – 标识数据

在【类型属性】对话框中调整一类构件的参数，这样的调整会影响到该族类型的所有实例，如图 6-20 所示，修改参数后，所有同一个类型的门都会一起变化，如图 6-21 所示。

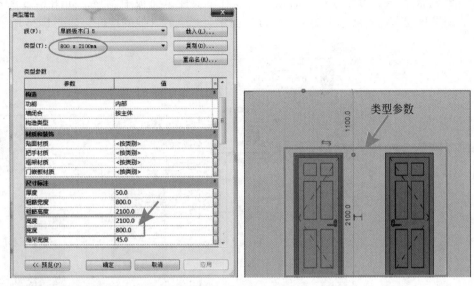

图 6-20　门类型属性

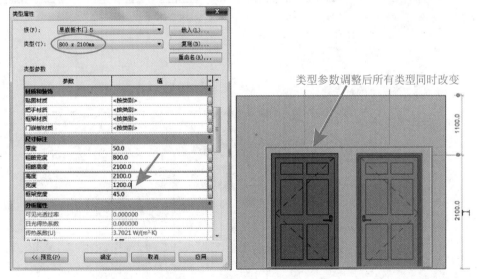

图 6-21　修改门类型属性

2）门的实例属性

实例属性是项目中某一具体实例的参数，修改实例属性的值只会影响到被选中修改的实例，而不影响其他实例。

在门的实例属性中，对图元影响最大的是约束条件参数。一般来说，门的约束条件主要是【底高度】，Revit 中底高度默认为层的标高，如果需要地面抬高或降低就需要调整门的【底高度】来定义门底部的标高，而【顶高度】一般是门的高度，如图 6-22 所示。

需要调整某一个构件位置的时候，可以在【属性】面板中调整，如图 6-23 所示，这样的调整只会影响到被选中的那个构件，而不会影响到其他的构件，如图 6-24 所示。

图 6-22　门实例属性

图 6-23　门实例属性

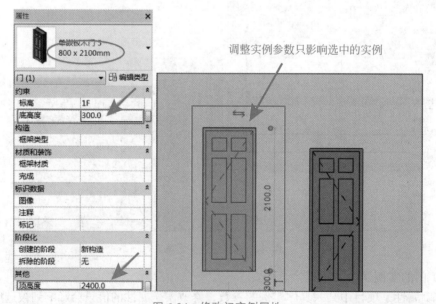

图 6-24　修改门实例属性

6. 添加门标记

在 Revit 中，门窗的标记使用的是按类别标记。在门的类型属性中【标识数据】选项组中的【类型标记】中填写的数值，就是标记显示的内容，因此我们在创建门窗类型时，要对【标识数据】中的【类型标记】进行定义，方便后面标识。

添加门标记的方法有以下三种。

1）在放置时直接添加标记

选择好要放置的门类型时，单击【修改 | 放置 门】选项卡→【标记】面板→【在放置时进行标记①】按钮，激活标记放置功能，如图 6-25 所示。

图 6-25　放置时进行标记

激活后，在放置门的时候标记会随门的放置而显示，如果标记位置不方便观察，可以按住鼠标左键直接拖动十字光标移动到合适的位置放置单击即可，如图 6-26 所示。

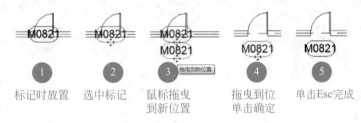

图 6-26　调整标记位置

在【修改 | 放置 门】选项栏中可以调整标记的放置方向和是否有引线标记，根据需要选中标记后进行调整就行，放置标记时【标记方向】可以在选项栏中选择"水平"或者"垂直"，或者直接用键盘【空格】键进行切换，如图 6-27 所示。

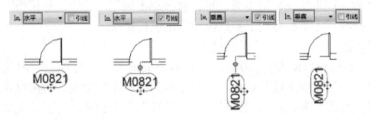

图 6-27　调整标记放置方向和引线

2）按类别标记

为保证项目图元的清晰，有时候在放置时并不直接进行标记，而是等全部构件放置完毕后再进行标记。

单击【注释】选项卡→【标记】面板→【按类别标记①】，如图 6-28 所示，或在快速访问工具栏中直接选择【按类别标记①】按钮，直接切换到添加标记模式，如图 6-29 所示。

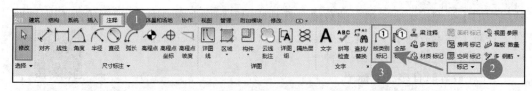

图 6-28　按类别标记

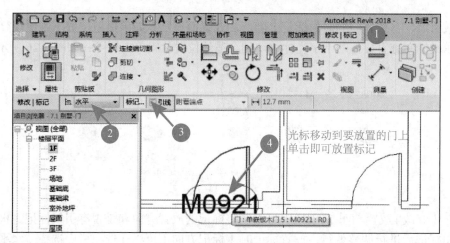

图 6-29　快速访问工具栏类型标记

单击【按类别标记 ⑩ 】工具按钮后，会自动切换到【修改 | 标记】上下文选项卡中，此时在选项栏中，选择标记放置方向为"水平"，不勾选【引线】，移动光标到要进行标记的门上，当门图元高亮时单击，即可完成对门的标记添加，如图 6-30 所示。

图 6-30　完成门的类别标记

添加标记后，如果发现标记不对，可以直接单击标记进行修改标记值，或者选择标记主体的门，修改其【类型标记】参数值对标记进行修改。

3）全部标记

按类型标记在进行标记时，需要逐一对需要标记的门进行标记，因此也叫作手动标记，但是这种方法相对来说只适合需要标记的门窗较少的情况，否则操作时比较浪费时间，而且可能在需要标记的图元构件较多的情况下造成遗漏，为了避免这种情况的发生，在需要标记较多图元构件时，可以采用"全部标记"的方法以提高工作效率。

单击【注释】选项卡→【标记】面板→【全部标记 ⑩ 】，如图 6-31 所示。

图 6-31　全部标记

在弹出【标记所有未标记的对象】对话框，勾选【当前视图中的所有对象】，在下方"类别"中勾选【门标记】，不勾选【引线】，选择【标记方向】，单击【应用】，完成选中视图中所有门的标记，单击【确定】按钮完成标记后退出对话框，如图 6-32 所示，标记完成后如果需要调整，手动调整即可。

图 6-32　标记所有未标记的对象

项目实例

完成本项目案例小别墅门的标记。

【实操步骤】

（1）双击切换到 1F 楼层平面，单击【注释】选项卡→【标记】面板→【全部标记①】工具按钮，弹出【标记所有未标记的对象】对话框，勾选【当前视图中的所有对象】，在下方勾选【门标记】，不勾选【引线】，选择【标记方向】为"水平"，单击【确定】按钮完成 1F 楼层平面视图中所有门的标记。

小知识

标记的样式因为软件版本、选择样板文件的不同而不同。标记并不影响模型，只是会影响在图纸中的显示样式。可以根据需要进行调整。

（2）如果发现门的标记样式与图纸不符，需要调整，可进入"标记族"中对其按照需要进行调整。

选中任意一个标记，切换进入【修改|门标记】上下文选项卡，在【模式】面板中单击【编辑族 🔲】按钮，如图 6-33 所示。

微课：标记族的修改

（3）切换进入族编辑界面，界面和项目文件操作界面很相似，如图 6-34 所示。

（4）选中标记周边的轮廓，逐一删除，完成后如图 6-35 所示。

（5）选中门标记，单击【属性】面板中【图形】栏【标签】后的【编辑】按钮，如图 6-36 所示，进入【编辑标签】。

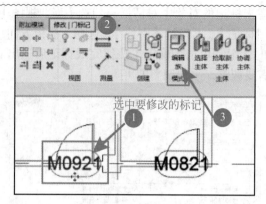

图 6-33　修改门标记

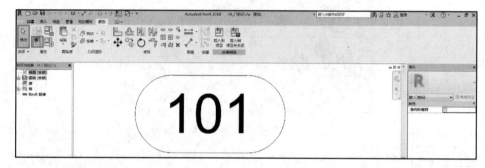

图 6-34　门标记族编辑

图 6-35　修改门标记

图 6-36　进入门标记属性编辑

（6）在弹出的【编辑标签】对话框中，从左侧的【类别参数】中浏览，选中"类型标记"字段，单击【将参数添加到标签 ⬅】按钮，右侧的【标签参数】中将出现新添加的参数标签，选中右侧【标签参数】中原有的标签，单击【重标签中删除参数 ➡】按钮，单击【应用】完成编辑，单击【确定】按钮退出编辑标签，如图 6-37 所示。

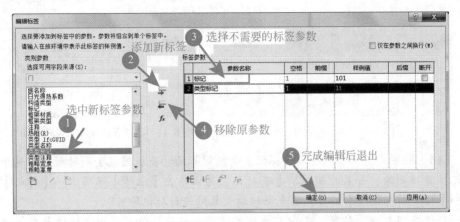

图 6-37　编辑标签

（7）退出界面，如图 6-38 所示。

图 6-38　完成门标记族编辑

（8）单击【修改】选项卡→【族编辑器】面板中→【载入到项目并关闭 ⬆】按钮，如图 6-39 所示，弹出【保存文件】对话框，提示"是否要将修改保存到门标记？"，单击【是】按钮，如图 6-40 所示，将修改后的门标记族载入项目当中。

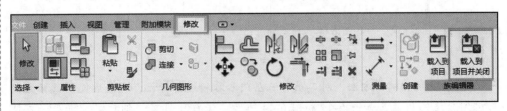

图 6-39　载入到项目并关闭

（9）载入到项目时，因为项目文件中已经有门标记族，会弹出提示，如图 6-41 所示，选择"覆盖现有版本及其参数值"，门标记的类型将按照修改后的参数显示。

图 6-40　保存门标记族

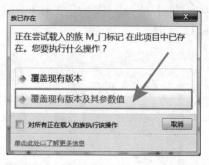

图 6-41　覆盖现有版本及其参数值

（10）观察此时一层别墅的门标记，会发现幕墙的嵌板门也会同时标记，选中该标记，直接删除，如果希望幕墙也有标记，可以单击【注释】选项卡→【标记】面板→【按类别标记①】工具，将光标移动至幕墙进行标记即可。

标记后调整标记位置，选中需要调整位置的标记，使用鼠标左键拖曳或者直接使用键盘的方向键调整标记位置，完成后如图 6-42 所示。

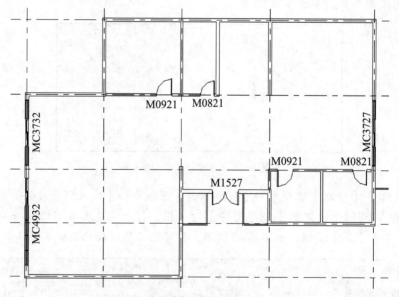

图 6-42　别墅一层门和幕墙标记示意图

（11）使用相同的方法，对二层和三层门和幕墙进行标记，完成后使用鼠标拖曳标记到合适的位置，如图 6-43 和图 6-44 所示。保存项目文件到指定文件夹，方便下次使用。

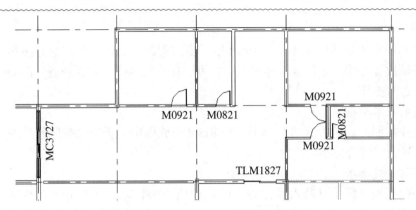

图 6-43　别墅二层门和幕墙标记示意图

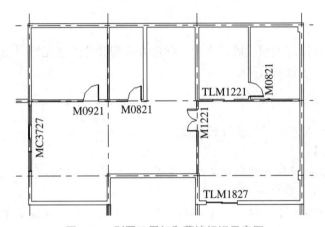

图 6-44　别墅三层门和幕墙标记示意图

小知识

为了保证模型当中图元的显示，特别是图元较多的时候避免视线干扰，在为项目插入门窗的时候一般不添加标记，如果需要添加，可以在已经完成后的视图中根据需要进行标记的添加。

提示

在"1+X"建筑信息模型（BIM）职业技能等级考试初级建模考试中，题目中都会给出的门窗的标记，但并未对门窗标记的样式进行专门规定，因此如果时间有限，不需要在标记样式上花费过多时间。

标记作为考试考点之一，建议可以在插入门窗时选择直接标记以节约时间，标记的位置以正确、清晰、美观为原则。

Revit 2016 版本的标记样式与题目所给样式一致，Revit 2018 及以上版本，标记样式会因为样本文件的设置而不同，可根据需要进行修改。

任务 6.2 窗

窗的功能主要是通风采光。在 Revit 中，窗的创建、编辑、标记的方法和门是一致的，窗必须放置在墙、屋顶等主体图元中，可以在平面视图、立面视图、剖面视图或三维视图中进行操作。

1. 窗的基本类型

窗主要按照开启的方式进行分类，在 Revit 的族库中，普通窗按照开启的方式和放置的位置进行了综合分类。

2. 窗的创建思路

窗和门相同，属于可载入族，是"基于主体的构件"。窗的操作和门相同，清楚了解项目门窗信息后，通过载入族到项目环境中，经过编辑参数得到不同型号的窗类型，再进行放置。

3. 创建和编辑窗

窗可以添加到任何类型的墙体之中，创建方法和其他的图元类型创建方法一致。通过"编辑类型"创建和编辑窗。

项目实例

完成本项目案例小别墅窗的创建。

微课：窗的创建
和编辑

【实操步骤】

（1）打开上一节保存的项目文件，或者直接打开本书配套资源中工程文件"6.1 别墅－门"文件。

（2）单击【插入】选项卡→【从库中载入】面板→【载入族 】按钮，在弹出的【载入族】对话框中打开"C://ProgramData/Autodesk/RVT2018/Libraries/Libraries/China/ 建筑 / 窗 / 普通窗"，根据项目需要，选择"推拉窗""组合窗"文件夹，选择"推拉窗""组合窗－双层三列（推拉＋固定＋推拉）""组合窗－双层四列（两侧平开）－上部固定"，选中后单击【打开】，把所需要的族载入项目当中。

（3）在项目浏览器中，双击切换到 1F 楼层平面，单击【建筑】选项卡→【构建】面板→【窗 】，如图 6-45 所示。

图 6-45　窗命令

（4）在【属性】面板"类型选择器"中选择载入的"推拉窗"，单击【编辑类型 】按钮，在【类型属性】对话框中单击【复制】按钮，在文字栏中输入"C0921"，单击【确定】按钮，退回【类型属性】对话框，修改【尺寸标注】栏中【高度】为"2100"，【宽度】为"900"，向下拖动浏览条至【标识数据】栏，修改

【类型标记】为"C0921"，单击【确定】按钮，完成窗类型"C0921"的创建，如图 6-46 所示。

（5）使用相同的类型创建方式，创建"C1220"，修改【尺寸标注】的【宽度】为"1200"，【高度】为"2000"，修改【类型标记】为"C1220"，单击【确定】按钮，完成"C1220"的创建，如图 6-47 所示。

图 6-46　C0921 参数

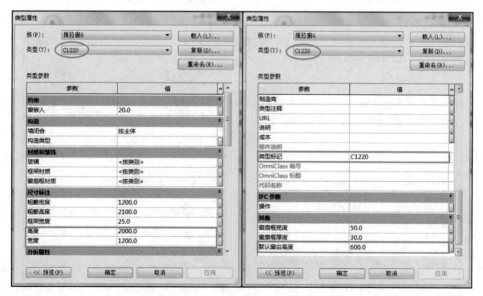

图 6-47　C1220 参数

（6）使用相同的方法和步骤，在【属性】面板"类型选择器"中选择载入的"组合窗－双层三列（推拉＋固定＋推拉）"，使用"复制"的方法创建"C1520"和"C1818"。

修改"C1520"的【尺寸标注】栏中的【高度】为"2000"，【宽度】为"1500"，【类型标记】为"C1520"，单击【确定】按钮，完成窗类型"C1520"的创建，如图 6-48 所示。

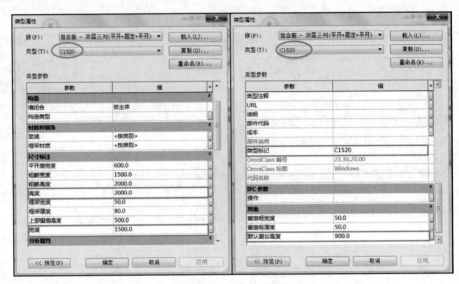

图 6-48　C1520 参数

修改"C1818"的【尺寸标注】栏中的【高度】为"1800"，【宽度】为"1800"，【类型标记】为"C1818"，单击【确定】按钮，完成窗类型"C1818"的创建，如图 6-49 所示。

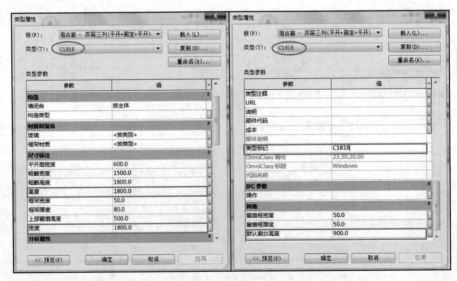

图 6-49　C1818 参数

（7）在【属性】面板"类型选择器"中选择"组合窗 – 双层四列（两侧平开）–上部固定"，使用"复制"的方法创建"C2120"和"C2424"。

修改"C2120"的【尺寸标注】栏中门的【高度】为"2000"，【宽度】为"2100"，【类型标记】为"C2120"，单击【确定】按钮，完成创建，如图 6-50 所示。

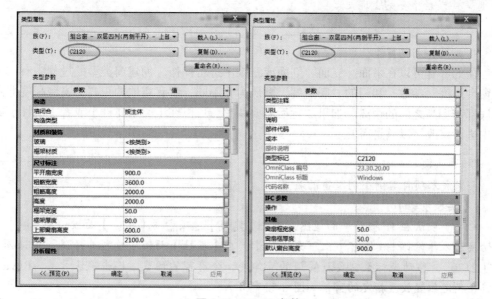

图 6-50　C2120 参数

修改"C2424"的【尺寸标注】栏中门的【高度】为"2400"，【宽度】为"2400"，【类型标记】为"C2424"，单击【确定】按钮，完成创建，如图 6-51 所示。

图 6-51　C2424 参数

> **提示**
>
> 　　在"1+X"建筑信息模型（BIM）职业技能等级考试初级建模考试中，实操题目会明确给出门窗的尺寸，但对窗的其他信息并不做具体要求，所以在载入族时选择样式差不多的窗即可。

4. 放置和调整窗

　　窗的放置可以在平面、立面、剖面或三维中进行操作，创建窗类型的过程中有"默认窗台高度"参数，和门的"底高度"默认为 0 不同，窗有离地的距离，窗台高度即是窗底部与标高之间的距离。如果放置后需要调整，可以在【类型属性】或者【属性】面板中进行修改，以满足需要。

> **项目实例**
>
> 　　完成本项目案例小别墅窗的放置。
>
> **【实操步骤】**
>
> 　　（1）确认在 1F 楼层平面视图，单击【建筑】选项卡→【构建】面板→【窗▤】，切换进入【修改 | 放置窗】上下文选项卡，在【属性】面板"类型选择器"中选择"C2120"，移动光标至需要放置门的墙体处，会有窗的预览，单击确认放置，Revit 将在指定位置放置指定的窗，如图 6-52 所示。
>
> 　　（2）放置后按 Esc 键退出放置，再在【属性】面板"类型选择器"中选择"C1220"，如果需要在放置的时候就进行标记，可以激活【标记】面板中的【在放置时进行标记①】功能，在放置时就可以直接对窗进行标记，如图 6-53 所示。

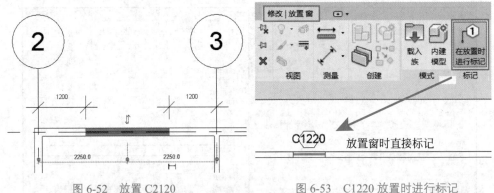

图 6-52　放置 C2120　　　　　　　　图 6-53　C1220 放置时进行标记

　　（3）重复相同的操作方法，按照图纸，完成其他窗类型的放置，如图 6-54 所示。

　　（4）放置完毕后，根据图纸调整细节位置，选中要调整位置的窗，拖动临时尺寸线，单击进入修改尺寸，完成后单击或者直接按 Enter 键退出，窗将会按照尺寸调整到相应的位置，如图 6-55 所示。门也可以用此方式进行调整。

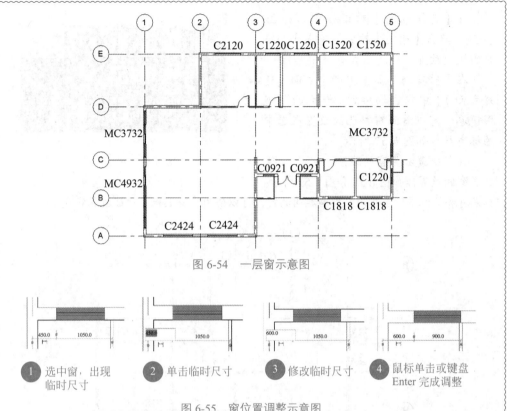

图 6-54 一层窗示意图

① 选中窗，出现临时尺寸 ② 单击临时尺寸 ③ 修改临时尺寸 ④ 鼠标单击或键盘 Enter 完成调整

图 6-55 窗位置调整示意图

（5）观察图纸发现，北侧窗户在二层和三层也是同样的位置，可以采用【剪贴板】快速完成门窗的放置。

配合 Ctrl 键，选中 1F 楼层平面视图上方北侧窗 C2120、C1220、C1520，单击【剪贴板】面板→【复制 】按钮→单击【粘贴 】工具下拉箭头→【与选定的标高对齐 】命令，如图 6-56 所示。

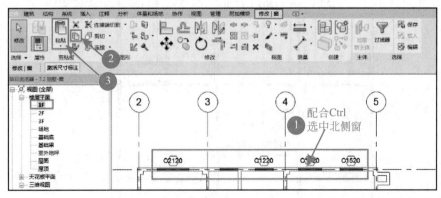

图 6-56 复制北侧窗

在【选择标高】对话框中选择2F和3F，单击【确定】按钮，完成北侧窗户的快速放置。

在【项目浏览器】中的【立面（建筑立面）】中双击切换到"北立面"视图观察，可以看到窗户已经放置在选中的标高层，如图 6-57 所示。

图 6-57　北立面视图

（6）重复放置窗的方法，完成二层、三层窗的放置，如图 6-58 和图 6-59 所示。如果有和其他层位置相同且类型相同的窗，可以使用【剪贴板】快速放置完成。

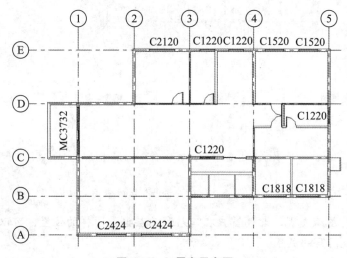

图 6-58　二层窗示意图

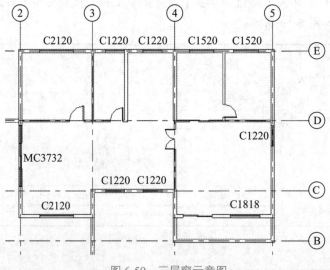

图 6-59　三层窗示意图

5. 窗的属性

1）窗的类型属性

窗的类型属性和门类似，在窗的类型属性中，对图元影响最大的是【尺寸标注】组，和门相同，创建新的窗类型时，窗也可以用尺寸进行命名，例如"C1220"表示该窗的宽度为 1200mm，高度为 2000mm，大写的 C 表示"窗"。

【标识数据】参数组中的【类型标记】会在对窗进行标记时显示，其他的标识数据信息与门的一致。

窗和门的不同在于窗多了一个【默认窗台高度】，默认值在放置窗的时候会在实例属性面板中约束条件的【底高度】中显示对应的数值，如图 6-60 所示。

2）窗的实例属性

窗户的实例属性和门相同，对图元影响最大的是【属性】面板【约束】条件下的【底高度】参数。与门不同的是，除了落地窗之外，窗户一定会有【底高度】，默认同一个类型的窗户具有相同的底高度，但是根据设计的需要，也可能存在同一个类型的窗户有不同的【底高度】，这就需要在窗的实例属性中根据要求进行调节。而窗【顶高度】是根据底高度和窗高度来计算的，如图 6-61 所示。

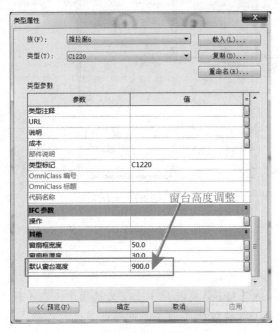

图 6-60　窗类型属性之默认窗台高度

图 6-61　窗实例属性之【底高度】参数

提示

在"1+X"建筑信息模型（BIM）职业技能等级考试初级建模考试中，综合题中的立面图中会有窗台高度的尺寸，可以在创建窗类型的时候在【类型属性】中定义【默认窗台高度】，也可以在放置完窗后，再通过【属性】面板【约束】条件中的【底高度】调整实例参数，以达到题目的要求。

6. 添加窗标记

窗标记的方法和门相同，可以在放置时通过激活【在放置时进行标记①】，也可以放置完所有窗后通过【注释】选项卡→【标记】面板→【按类别标记①】或者【全部标记①】工具进行窗标记。

项目实例

完成本项目案例小别墅窗的标记。

【实操步骤】

（1）切换到 1F 楼层平面，单击【注释】选项卡→【标记】面板→【全部标记①】，弹出【标记所有未标记的对象】对话框，勾选【当前视图中的所有对象】，勾选【窗标记】，不勾选【引线】，选择【标记方向】为"水平"，单击【确定】按钮完成 1F 楼层平面视图中所有门的标记。幕墙上的嵌板窗也会标记，选中后直接删除即可，如图 6-62 所示。

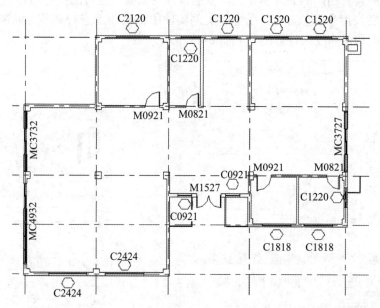

图 6-62　一层窗自动标记

（2）选中任意一个标记，切换进入【修改|窗标记】上下文选项卡，在【模式】面板中单击【编辑族🗔】按钮，切换进入族编辑界面，选中标记周边的轮廓，逐一删除，完成后如图 6-63 所示。

原窗标记族样式　　　　修改后的窗标记族样式

图 6-63　窗标记族的修改

（3）单击【修改】选项卡→【族编辑器】面板→【载入到项目并关闭】按钮，弹出【保存文件】对话框，提示"是否要将修改保存到窗标记？"，单击【是】按钮，将修改后的门标记族载入项目当中。载入项目时，在弹出提示框中选择"覆盖现有版本及其参数值"，完成一层窗的全部标记，手动调整标记到合适的位置，如图 6-64 所示。

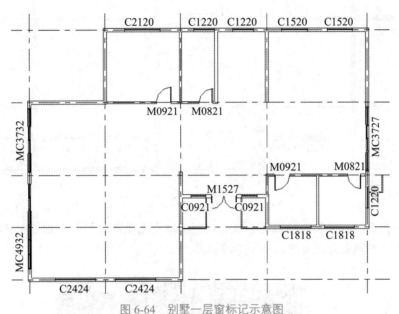

图 6-64 别墅一层窗标记示意图

（4）使用相同的方法，对二层和三层窗进行标记，完成后使用鼠标拖曳标记到合适的位置完成窗的标记，如图 6-65 和图 6-66 所示。

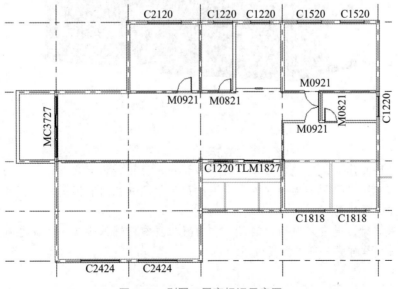

图 6-65 别墅二层窗标记示意图

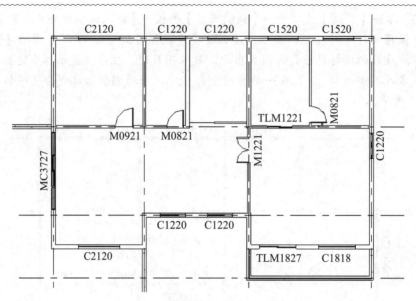

图 6-66　别墅三层窗标记示意图

（5）完成门窗放置和标记之后，切换到三维视图进行观察，如图 6-67 所示，保存项目文件到指定文件夹中，以备后续操作。

图 6-67　门窗放置三维示意图

提示

在 "1+X 建筑信息模型 BIM" 建模考试中，标记是考点之一，为节约考试时间，建议在定义类型属性时注意【类型标记】值，并在所有门窗放置完毕后再进行标记并调整位置。

在考试时，通常只对门窗的尺寸和放置位置有明确的规定，因此在载入族时不用太过纠结样式，可以提高效率。

模块 7 建筑建模——楼板、屋顶

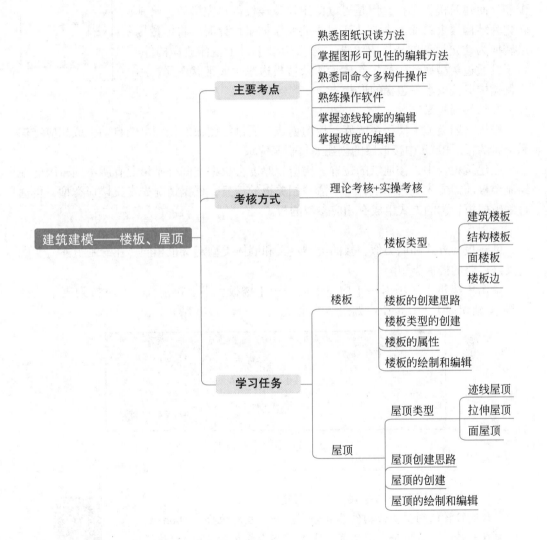

建筑建模——楼板、屋顶

主要考点
- 熟悉图纸识读方法
- 掌握图形可见性的编辑方法
- 熟悉同命令多构件操作
- 熟练操作软件
- 掌握迹线轮廓的编辑
- 掌握坡度的编辑

考核方式
- 理论考核+实操考核

学习任务
- 楼板
  - 楼板类型
    - 建筑楼板
    - 结构楼板
    - 面楼板
    - 楼板边
  - 楼板的创建思路
  - 楼板类型的创建
  - 楼板的属性
  - 楼板的绘制和编辑
- 屋顶
  - 屋顶类型
    - 迹线屋顶
    - 拉伸屋顶
    - 面屋顶
  - 屋顶创建思路
  - 屋顶的创建
  - 屋顶的绘制和编辑

任务 7.1 楼板

楼板是建筑物中分割建筑竖向空间的重要水平构件。

1. 板的类型

楼板和墙类似，都属于系统族，使用 Revit 中的楼板工具，不仅可以创建楼板面，还可以创建坡道、楼梯休息平台等。

微课：楼板概述

在 Revit 中有 4 个楼板相关的工具命令：【楼板：建筑 】【楼板：结构 】【面楼板 】【楼板：楼板边 】，如图 7-1 所示，可以在项目中灵活创建常规楼板。

【楼板：建筑 】工具主要用于创建建筑楼板；【楼板：结构 】工具主要用于创建承受荷载并传递荷载的结构楼板，建筑楼板和结构楼板的创建、绘制方法是一致的，不同的是，结构楼板可以进行配筋，而建筑楼板不行，但是可以使用建筑楼板创建完毕后，将其转化为结构楼板；【面楼板 】工具主要用于体量设计时，将体量楼层转换为建筑模型的楼层；【楼板：楼板边 】属于主体放样构件，该工具通过类型属性中指定轮廓沿所选楼板边缘生成带状图元，用于创建构造楼板水平边缘的形状。

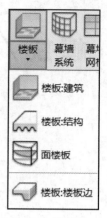

图 7-1　楼板类型

2. 板的创建思路

楼板和墙类似，属于系统族。板的创建是通过绘制板的轮廓草图自动生成相应结构和形状的板。Revit 中楼地层的创建通过板来完成。

在建筑设计中，楼地层的位置、构造、厚度会根据空间分割情况有所不同，因此在绘制楼板前需要先观察图纸，了解清楚相关板的信息，根据情况先定义楼板类型，再通过编辑楼板轮廓的方式生成有相应参数的板。

3. 创建板

创建板的方式和墙类似，板的类型定义和墙体类型定义也相同。在绘制板前需要先定义好需要的楼板类型。

单击【建筑】选项卡→【构建】面板→【楼板 】下拉箭头，在下拉列表中选择【楼板：建筑 】工具按钮，如图 7-2 所示。

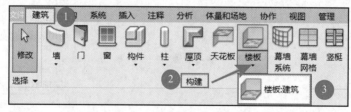

图 7-2　建筑选项卡楼板工具

项目实例

完成本项目案例小别墅楼地层的创建。

本项目案例别墅楼板构件参数如下：一层室外地坪为 300mm，材质为土层；一层厨房、卫生间、露台、阳台楼板为 450mm 防滑砖；一层客厅楼板为 150mm 抛光砖；一层其余空间均为 450mm 抛光砖。二层、三层楼板均为 120mm 厚混凝土，核心材质为 C30，其中所有露台、阳台、卫生间板面层为防滑砖，其余地板面层为抛光砖。

微课：楼板的创建和编辑

【实操步骤】

（1）打开上一节保存的项目文件，或者直接打开本书配套资源中工程文件 "6.2

别墅-窗"文件，双击切换进入"场地"楼层平面视图。

（2）单击【建筑】选项卡→【构建】面板→【楼板▨】下拉箭头→【楼板：建筑▨】工具按钮，切换进入【修改|创建 楼层边界】上下文选项卡，在【属性】面板中单击【编辑类型▦】按钮，弹出【类型属性】对话框，单击【复制】，创建"室外地坪-300mm"，完成后单击【确定】按钮，返回【类型属性】对话框，如图 7-3 所示。

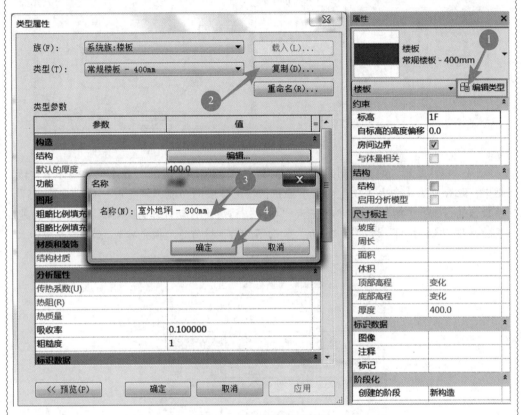

图 7-3 创建别墅室外地坪

在实际施工过程中，建筑的底层底板采用的是基础回填的方式，案例中绘制从"室外地坪"开始的室内回填部分，以保持整个项目的完整，并方便观察各构件。

（3）在返回的【类型属性】对话框中，单击【构造】参数栏中【结构】参数后的【编辑】按钮，进入【编辑部件】对话框，对新创建的楼板结构进行编辑，调整功能层"结构[1]"的【厚度】参数为"300"，设置【材质】为"土层"，完成对"室外地坪"基础底板的材质编辑，如图 7-4 所示。

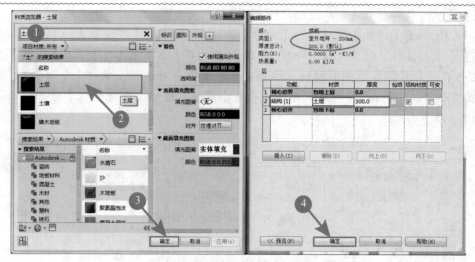

图 7-4　编辑别墅室外地坪

（4）以"复制"的方式创建"室内回填－抛光砖－450mm"。在【编辑部件】对话框中，配合单击【向上】或【向下】按钮，指定各层的功能，调整第一行"面层 2[5]"参数值为"20"，"结构 [1]"参数值为"430"，总厚度自动计算为"450"；编辑各功能层的材质，"结构 [1]"材质为"土层"，"面层 2[5]"材质为"抛光砖"，如图 7-5 所示。

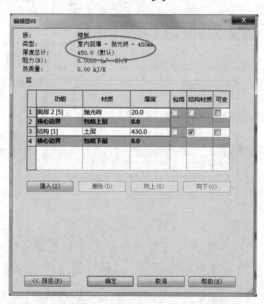

图 7-5　室内回填抛光砖 450mm 参数

小知识

对于结构设计，有设计说明的，功能层厚度按照说明进行，如果没有设计说明，一般情况下，面层厚度按照习惯可以设置为"20"。

（5）使用相同的方式，创建其他类型的楼板。要注意板的结构、材质和厚度尺寸。本项目小别墅，一层板的核心层材质为土层，二层、三层板的核心层为C30，项目楼板类型参数参考如下。

①室内回填–防滑砖–450mm：别墅一层卫生间、厨房、露台、阳台空间地板，参数如图7-6所示。

②室内回填–抛光砖–150mm：别墅一层下沉客厅的地板，参数如图7-7所示。

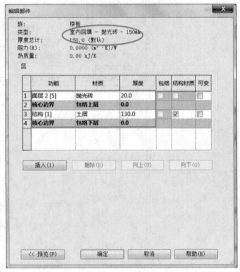

图 7-6　室内回填防滑砖 450mm 参数　　　　图 7-7　室内回填抛光砖 150mm 参数

③室内楼板–抛光砖–120mm：别墅二、三层除卫生间、露台外的其他房间地板，参数如图7-8所示。

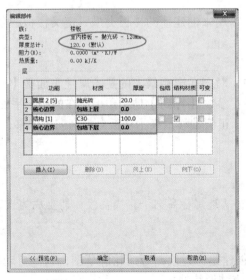

图 7-8　室内楼板抛光砖 120mm 参数

④ 室内楼板－防滑砖－120mm：别墅二、三层卫生间、露台空间地板，参数如图 7-9 所示。

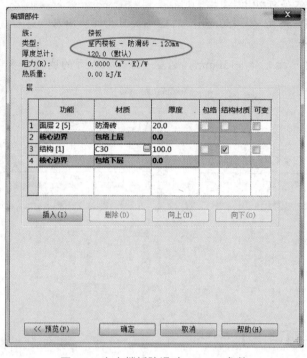

图 7-9　室内楼板防滑砖 120mm 参数

4. 楼板的属性

1）楼板的类型属性

楼板的类型属性可以用来创建新的楼板类型，定义楼板的各种参数，特别是结构、材质、标记类型等。

2）楼板的实例属性

楼板的实例属性中，对图元影响最大的是【属性】面板【约束】条件下的【标高】和【自标高的高度偏移】参数，【标高】是指楼板所在的楼层平面，【自标高的高度偏移】是楼板与标高的偏移量，正值偏移量表示楼板自标高向上偏移，反之，负值偏移量表示楼板自标高向下偏移。

> **小知识**
>
> 创建楼板，楼板将从选定标高向下生成楼板，即生成的板顶在标高层位置。

5. 绘制楼板

在 Revit 中，板的创建是通过绘制板的轮廓草图，软件自动根据已经定义的楼板结构、材质等信息生成相应结形状的板。

室内楼板草图的绘制在楼层平面视图中进行。单击【建筑】选项卡→【构建】面板→【楼板▣】下拉箭头，选择【楼板：建筑▣】后，将激活"楼板"命令，自动切换到【修改|创建楼层】上下文选项卡，在【绘制】面板中绘制【边界线▮】，按照板的轮廓完成草图的绘制。

在【绘制】面板中可以根据需要选择绘制楼板的工具，包括【线╱】【矩形▭】【内接多边形⬡】【外接多边形⬡】【圆形◉】【起点－终点－半径弧⌒】【圆心－端点弧⌒】【相切－端点弧⌒】【圆角弧⌒】【样条曲线⌁】【椭圆⬭】【半椭圆⌓】【拾取线▨】【拾取墙▨】等 14 种。

绘制的楼板边界轮廓必须是闭合的，可以是单个闭合的轮廓，也可以是多个轮廓的组合，但是不能相交、轮廓线不能重叠，如表 7-1 所示。

表 7-1 楼板轮廓示意图

可以生成楼板的轮廓	边界轮廓形状		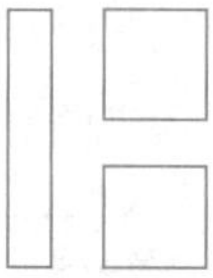	
	说明	闭合的轮廓	多个闭合轮廓	嵌套的轮廓
不能生成楼板的轮廓	边界轮廓形状		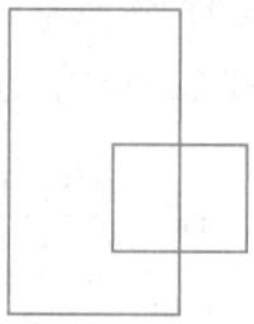	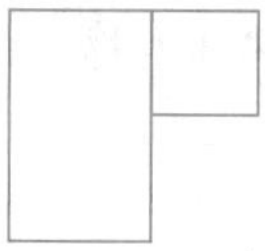
	说明	未闭合的轮廓	相交的轮廓	轮廓中有重复线

项目实例

完成本项目案例小别墅的楼地层的绘制。

【实操步骤】

1）绘制室外地坪

切换到室外地坪楼层平面视图，单击【建筑】选项卡→【构建】面板→【楼板▣】下拉箭头→【楼板：建筑▣】工具，在【属性】面板"类型选择器"中确认选择"室外地坪－300mm"，在【修改|创建 楼层边界】的【绘制】面板中，确认激活【边界线▮】，选择适合的绘制工具，本项目的室外地坪没有给定具体参数，因此只需要把项目建筑和构件都框住即可，选择【矩形▭】绘制工具，如图 7-10 所示。

绘制边界轮廓线，保证轮廓线闭合，检查【属性】面板【约束】栏中的【标高】为"室外地坪"，完成后单击【模式】面板中的【完成编辑✔】按钮，Revit 将自动根据所绘制的轮廓边界线生成楼板。

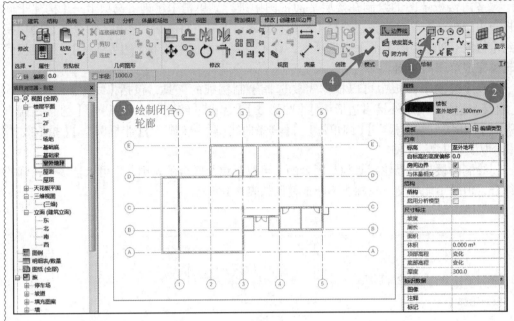

图 7-10 绘制室外地坪

切换到立面视图进行检查，已经生成"室外地坪"板，生成的基础底板顶部与"室外地坪"标高层齐平，如图 7-11 所示。

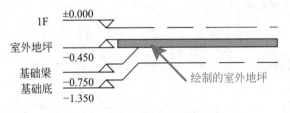

图 7-11 立面观察室外地坪

切换到三维视图观察，如图 7-12 所示。

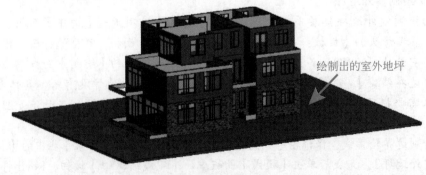

图 7-12 三维观察

2）绘制 1F 一层楼板

（1）室内回填－抛光砖－450mm。在【项目浏览器】内双击切换到 1F 楼层平面视图，在【属性】面板"类型选择器"中选择"室内回填－抛光砖－450mm"，在【修改|创建 楼层边界】选项卡【绘制】面板中，确认激活【边界线 ⊾】，选择适合的绘制工具，绘制楼板边界轮廓，完成后单击【完成编辑 ✔】按钮，如图 7-13 所示。

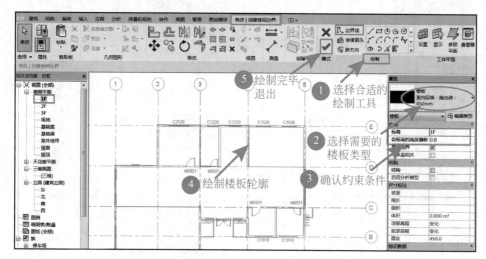

图 7-13　室内回填抛光砖 450mm 示意图

切换到三维视图观察，发现因为有墙体遮挡，无法很好地观察到室内情况，此时使用"可见性"功能就可以观察到室内情况。

小知识

在实际项目操作中会发现有时候图元显示太多会影响绘图的视线，从而降低建模的速度和效率，这时我们就可以用到图形可见性功能，灵活使用这个功能可以帮助我们保证视图中图元的显示完全满足个性化的需要。

图形"可见性"用于图元太多时不方便观察，或者是只希望查看某一类图元的时候可以隐藏其他图元，方便进行观察和操作。

在视图的【属性】面板中，单击【图形】栏"可见性／图形替换"后的【编辑】按钮，如图 7-14 所示，或者按快捷键 VV 打开【可见性／图形替换】对话框，如图 7-15 所示，在视图的【可见性／图形替换】对话框中，可以选择模型的类别，在列表中勾选需要显示的模型，取消勾选将在当前视图中隐藏该类图元，方便进行操作和观察。"可见性／图形替换"功能只对选择的视图有效。

图 7-14　视图图形可见性

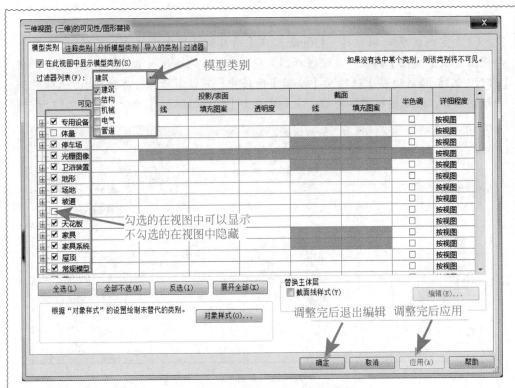

图 7-15　视图的可见性 / 图形替换

在三维视图中使用快捷键 VV，打开【三维视图：可见性 / 图形替换】对话框中，在【过滤器列表】中选择"建筑"，在下方列表中取消勾选"墙""门""窗""柱"，单击【确定】按钮退出编辑，三维视图中取消勾选的图元将被隐藏，如图 7-16 所示。

室内回填–抛光砖–450mm

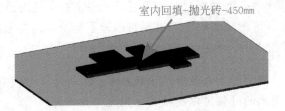

图 7-16　一层绘制室内回填抛光砖示意图

（2）室内回填 – 防滑砖 –450mm。防滑砖主要用在阳台、露台、卫生间和厨房。可以使用同命令下多构件操作。如果多块板的结构和尺寸相同，可以同时绘制多个闭合轮廓同时生成楼板。绘制楼板的边界轮廓，绘制完一块后不需要退出绘制，直接绘制下一块，依次类推，全部绘制完毕后再单击【完成编辑 ✔】按钮，同时生成多块板。

卫生间降板 –150，可以同时完成两个卫生间板的绘制，如图 7-17 所示。

其余空间不降板，相同的绘制方式完成厨房和两个阳台板的绘制，如图 7-18 所示。

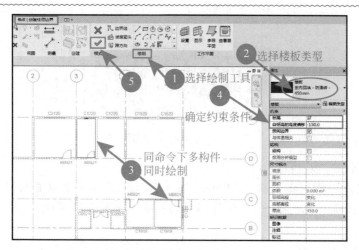

图 7-17　一层卫生间板绘制示意图

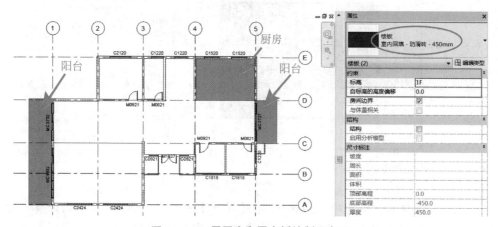

图 7-18　一层厨房和露台板绘制示意图

（3）室内回填－抛光砖－150mm。在【属性】面板中选择"室内回填－抛光砖－150mm"类型，绘制客厅板，客厅板位置及参数如图 7-19 所示。

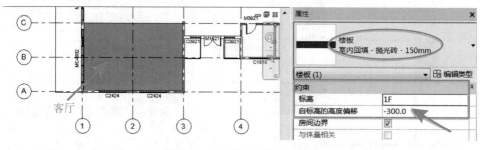

图 7-19　一层客厅板绘制示意图

切换到三维视图，可以观察到一层已经绘制完成的楼板，如图 7-20 所示。

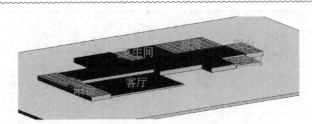

图 7-20　一层楼板三维视图

3）绘制 2F 二层楼板

（1）室内回填－抛光砖－120mm。在【项目浏览器】中双击切换到 2F 楼层，完成"室内回填－抛光砖－120mm"二层的楼板，如图 7-21 所示。

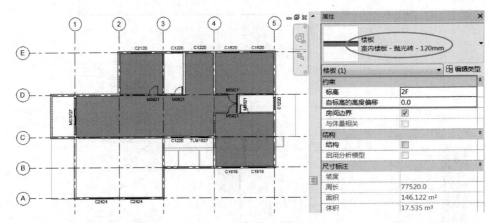

图 7-21　二层抛光砖板绘制示意图

（2）室内回填－防滑砖－120mm。在【属性】面板中，切换到"室内回填－防滑砖－120mm"，完成卫生间和阳台板的绘制，如图 7-22 所示。

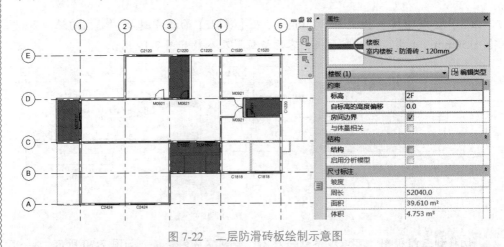

图 7-22　二层防滑砖板绘制示意图

4）绘制 3F 三层楼板

（1）室内回填－抛光砖－120mm。在【项目浏览器】中双击切换到 3F 楼层，完成"室内回填－抛光砖－120mm"三层的楼板，如图 7-23 所示。

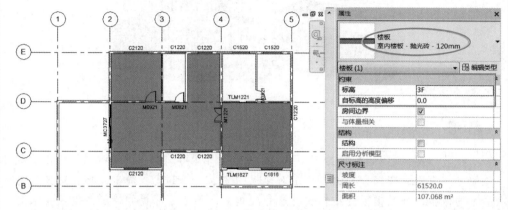

图 7-23　三层抛光砖绘制示意图

（2）室内回填－防滑砖－120mm。在【属性】面板中切换到"室内回填－防滑砖－120mm"，完成三层卫生间和阳台板的绘制，如图 7-24 所示。

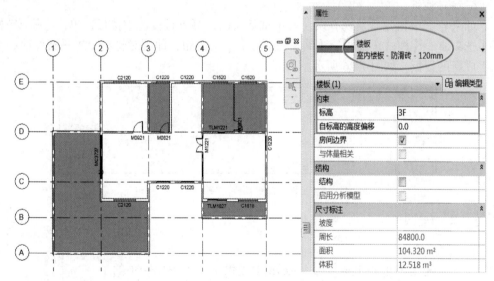

图 7-24　三层防滑砖绘制示意图

5）完成楼板的编辑

切换回三维视图，完成楼板的编辑。使用快捷键 VV，在打开的"三维视图：{三维}的可见性 / 图形替换"对话框中，重新勾选取消的图元，单击【确定】按钮完成编辑，效果如图 7-25 所示。保存项目文件到指定文件夹中，以备后续操作。

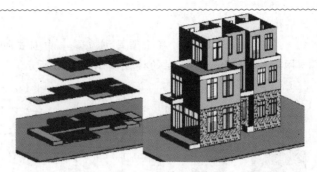

图 7-25　三维效果示意图

> **提示**
>
> 　　在"1+X"建筑信息模型（BIM）职业技能等级考试初级建模考试中，由于考试的时间有限，在综合考试题目中对楼板的要求一般都比较简单，只会定义一种类型的楼板，并且楼板的结构和材质都较单一，不考察降板的情形，也不要求对楼板坡度进行定义。因此在考试时，只需要按照题目要求创建相应的类型及材质，选择方便绘制的工具完成楼板轮廓即可。

6. 编辑楼板

如果轮廓编辑完后发现有误，不用重新绘制，可以直接选中楼板，单击【修改 | 楼板】选项卡→【模式】面板→【编辑边界 】工具按钮，即可对轮廓边界进行修改，重新生成新的楼板，如图 7-26 所示。

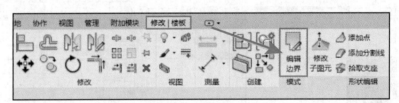

图 7-26　编辑边界

任务 7.2　屋顶

1. 屋顶的类型

屋顶是建筑的重要组成部分。Revit 中提供了三种创建屋顶的工具，分别是【迹线屋顶】【拉伸屋顶】和【面屋顶】，可以根据需要在项目中创建不同类型的屋顶，在【建筑】选项卡【构建】面板中，直接根据需要选择即可激活楼板工具，如图 7-27 所示。

其中，【迹线屋顶】工具通过在平面视图中绘制屋顶的投影轮廓边界线，并定义屋顶的坡度和属性生成各种平屋顶、斜屋顶和坡屋顶，是最常用的创建屋顶的方式，使用方式和楼板类似；【拉伸屋顶】工具用于通过拉伸绘制的轮廓创建屋顶，更适合平面上不方便创建的

图 7-27　Revit 中的屋顶类型

屋顶，可以用于异性屋顶的创建；【面屋顶】命令用于体量设计时，根据体量形体拾取面转换为建筑模型的屋顶。【屋檐：底板】【屋顶：封檐板】和【屋顶：檐槽】工具用于依附屋顶进行细节的放样建模。

2. 屋顶创建思路

屋顶作为建筑主要构件之一，一般在模型主体完成后进行创建。通过选择不同的屋顶创建工具进行创建，并将其他构件，如墙体、柱等附着到屋顶。

3. 创建屋顶

1）创建迹线屋顶

（1）单击【建筑】选项卡→【构建】面板→【屋顶 ◳】下拉箭头→【迹线屋顶 ◳】工具按钮，如图 7-28 所示。

微课：屋顶的类型
及创建

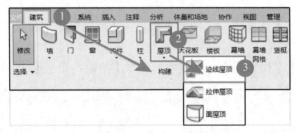

图 7-28　迹线屋顶命令

（2）自动切换进入【修改 | 创建 屋顶迹线】上下文选项卡，如图 7-29 所示。

图 7-29　修改 | 创建 屋顶迹线选项卡

（3）单击【属性】面板【编辑类型 ◳】按钮，在弹出的【类型属性】对话框中，使用"复制"方式创建新类型的屋顶，如图 7-30 所示。

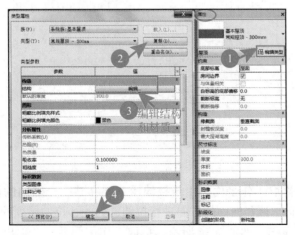

图 7-30　创建屋顶类型

（4）在【修改|创建 屋顶迹线】上下文选项卡→【绘制】面板中选择适合的绘制边界线工具，在选项栏中定义"坡度"和"悬挑"尺寸，完成后单击【模式】面板中的【完成编辑 ✔】按钮，生成迹线屋顶，如图 7-31 所示。

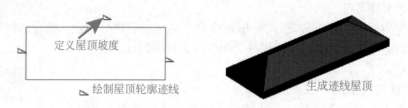

图 7-31 创建迹线屋顶

2）创建拉伸屋顶

（1）单击【建筑】选项卡→【构建】面板→【屋顶 ▣】下拉箭头→【拉伸屋顶 ◢】工具按钮，如图 7-32 所示。

（2）在弹出的【工作平面】对话框中，选择【拾取一个平面】，如图 7-33 所示。

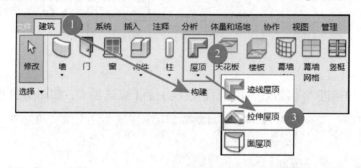

图 7-32 拉伸屋顶命令

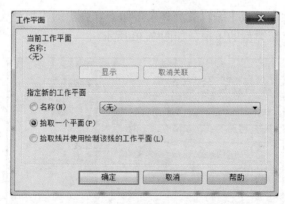

图 7-33 工作平面对话框

（3）在模型中拾取工作平面，由于拉伸屋顶要在某一个竖向的面上绘制屋顶截面的轮廓线，然后垂直于该竖向面的方向进行拉伸，因此，拉伸屋顶的创建需要在立面视图或者三维视图中操作，如图 7-34 所示，拾取工作平面后，在弹出的【屋顶参照标高和偏移】对话框中调整参数，单击【确定】按钮完成工作平面的定义。沿拾取的工作平面，根据需要绘制屋顶截面的轮廓线，然后单击【模式】面板中的【完成编辑 ✔ 】按钮，生成拉伸屋顶，如图 7-35 所示。

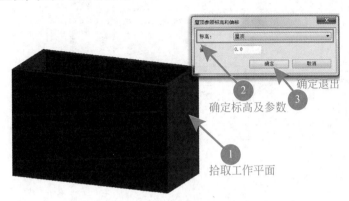

图 7-34　拾取工作平面

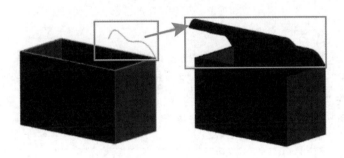

图 7-35　拉伸屋顶示意图

3）创建面屋顶

面屋顶基于体量模型创建，具体操作方法详见本书"任务 16.3　概念体量的调用和建筑构件转化实例"部分。

> 项目实例
>
> 完成本项目案例小别墅屋顶的创建。
>
> 屋顶构件参数为 120mm 混凝土屋顶，面层为油毡瓦。
>
> 【实操步骤】
>
> （1）打开上一节保存的项目文件，或者直接打开本书配套资源中工程文件"7.1 别墅－楼板"文件，双击切换进入"屋面"楼层平面视图。
>
> （2）单击【建筑】选项卡→【构建】面板→【屋顶▣】下拉箭头→【迹线屋顶▣】工具，切换进入【修改|创建屋顶迹线】上下文选项卡。
>
> （3）单击【属性】面板→【编辑类型▦】按钮，在弹出的【类型属性】对话框中，使用"复制"方式创建"坡屋顶－120mm"，调整功能层"结构 [1]"的【厚度】参数为"100"，使用材质编辑方式赋予"C30"材质；调整功能层"面层 2[5]"的

微课：屋顶的
绘制和编辑

【厚度】参数为"20"，确定【材质】为自定义的"油毡瓦"，完成后单击【确定】按钮，完成对"坡屋顶"的创建和定义，如图7-36所示。

图 7-36　坡屋顶参数

> **提示**
>
> 　　在"1+X"建筑信息模型（BIM）职业技能等级考试初级建模考试中，对结构设计的考察主要是对厚度参数、功能构造、功能层材质细节进行考察，通常是通过墙体、楼板、屋顶这几个构件进行考察。

4. 绘制屋顶

迹线屋顶和楼板的生成方式相似，通过绘制屋顶投影轮廓草图，软件自动根据已经定义的屋顶材质、厚度、功能、坡度等信息生成相应形状的屋顶。

> **项目实例**
>
> 　　完成本项目案例小别墅屋顶的绘制。
>
> 　　【实操步骤】
>
> 　　（1）在屋面平面视图界面，单击【建筑】选项卡→【构建】面板→【屋顶 】下拉箭头→【迹线屋顶 】工具，切换进入【修改|创建屋顶迹线】上下文选项卡，在【属性】面板"类型选择器"中确认选择创建的"坡屋顶"。
>
> 　　在【属性】面板【范围】栏里调整【视图范围】，保证在"屋面"视图中能看到三层墙体，方便下一步的绘制。
>
> 　　（2）在【绘制】面板中，确认激活【边界线 】，选择【拾取线 】工具，选项栏中设置【偏移】值为"700"，拾取轴线并配合【修剪/延伸为角 】工具，完成基本轮廓，如图7-37所示。

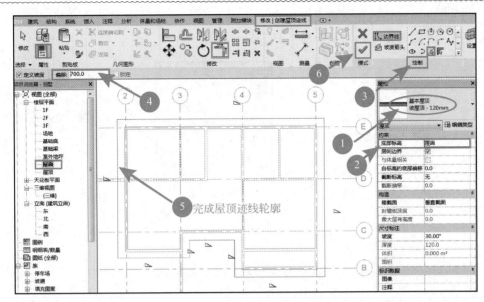

图 7-37 屋顶基本边界轮廓示意图

（3）由于迹线轮廓不是一个规则的矩形，根据需要的效果，要注意坡屋顶每条边线的坡度。使用【拆分图元 ✚】工具，对迹线打断后对坡屋顶的坡度进行定义。选择边线，可以在【属性】面板【约束】栏中通过取消勾选【定义屋顶坡度】取消该边线的坡度，取消定义，坡度定义将变成灰色不能编辑，此功能也可以在【修改|创建 屋顶迹线】选项栏中取消勾选【定义坡度】；在【尺寸标注】栏调整【坡度】尺寸参数，调整坡屋顶的坡度，也可以在选中的迹线上直接进行修改，如图 7-38 所示。

（4）取消不需要定义坡度的边线坡度，如图 7-39 所示。

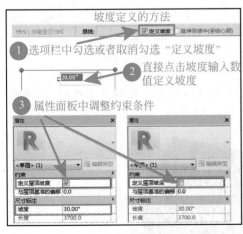

图 7-38 屋顶坡度定义及取消坡度定义

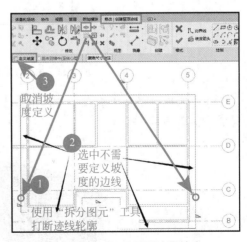

图 7-39 取消屋顶边界坡度

（5）为小坡屋顶定义坡度，坡度定义为 29°，如图 7-40 所示。为大坡屋顶定义坡度，坡度定义为 24°，如图 7-41 所示。

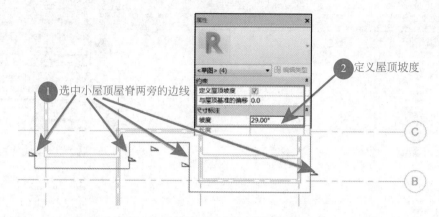

图 7-40　修改小屋顶边界坡度示意图

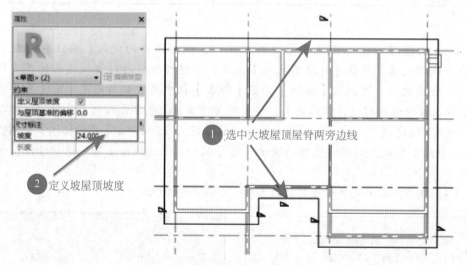

图 7-41　修改大屋顶边界坡度示意图

（6）完成后单击【模式】面板下的【完成编辑模式 ✔】按钮，切换到三维视图观察，如图 7-42 所示。

图 7-42　三维观察

提示

在"1+X"建筑信息模型（BIM）职业技能等级考试初级建模考试中，对坡屋顶的坡度定义在图纸中会有精确的数值，不需要自行计算。但是对于带坡度的迹线屋顶，一定要清楚起坡的边，根据需要的效果调整坡度的定义。

5. 调整编辑屋顶

项目实例

完成本项目案例小别墅的调整。

【实操步骤】

1）调整屋顶位置

（1）生成迹线屋顶后，切换到立面图，发现屋顶位置对于标高有所偏移，需要进行调整。在立面视图中，单击【注释】选项卡→【尺寸标注】面板中→【高程点 🔘】工具命令，用来测量屋顶的高程，以确定需要调整的具体尺寸，如图7-43所示。

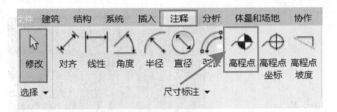

图 7-43　高程点测量

（2）激活【高程点 🔘】工具，将光标移至需要测量的位置，会显示出该点的高程，如图7-44所示，发现实际屋顶高程与图纸屋顶高程不一致，有所偏移，偏移值为"-213"（屋顶高程测量值为12513，屋顶标高高程值为12300，因此需向下调整12513-12300=213）。

图 7-44　测量顶部高程

（3）选中屋顶，在【属性】面板中调整【约束】栏中的【自标高的底部偏移】，修改参数值为"-213"，如图 7-45 所示，完成屋顶位置的调整。修改完后再次观察屋顶位置，可见屋顶高程已经完成调整，如图 7-46 所示。

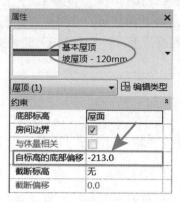

图 7-45　调整屋顶位置

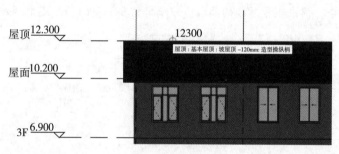

图 7-46　屋顶位置调整

2）下部构件附着到屋顶

（1）双击切换到三维视图，使用【过滤器】工具，选中三层的所有墙体，单击【修改|墙】上下文选项卡→【修改墙】面板→【附着顶部/底部】工具，在选项栏中选择附着墙到【顶部】，单击屋顶，如图 7-47 所示。

图 7-47　附着到顶部

（2）完成编辑后，如图 7-48 所示。保存到指定文件夹中，以备后续操作。

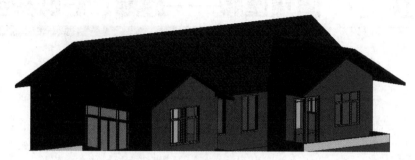

图 7-48　完成墙体附着到屋顶

提示

　　在"1+X"建筑信息模型（BIM）职业技能等级考试初级建模考试中，屋顶通常会考察坡屋顶，因此需要对屋顶创建、迹线编辑、坡度定义等方法清楚掌握。要注意下方的墙体需要附着到屋顶上，保证模型的完整。

模块 8 建筑建模——楼梯、栏杆扶手

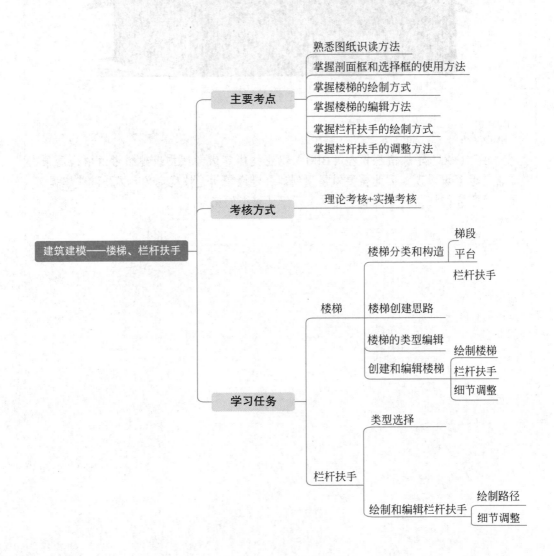

主要考点
- 熟悉图纸识读方法
- 掌握剖面框和选择框的使用方法
- 掌握楼梯的绘制方式
- 掌握楼梯的编辑方法
- 掌握栏杆扶手的绘制方式
- 掌握栏杆扶手的调整方法

考核方式
- 理论考核+实操考核

建筑建模——楼梯、栏杆扶手

学习任务

楼梯
- 楼梯分类和构造
  - 梯段
  - 平台
  - 栏杆扶手
- 楼梯创建思路
- 楼梯的类型编辑
- 创建和编辑楼梯
  - 绘制楼梯
  - 栏杆扶手
  - 细节调整

栏杆扶手
- 类型选择
- 绘制和编辑栏杆扶手
  - 绘制路径
  - 细节调整

任务 8.1 楼梯

楼梯是建筑空间中用于楼层之间垂直交通的构件，用于楼层之间和高差较大时的交通联系，既要考虑到通行的顺畅和安全，还要考虑到舒适和坚固，从建筑美学的角度看，楼梯也是建筑的视觉焦点，体现建筑风格和设计师理念。

1. 楼梯的组成

楼梯主要由梯段、栏杆扶手和休息平台组成，如图 8-1 所示。

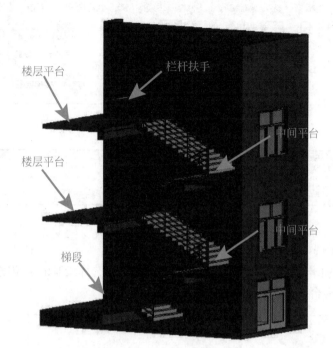

微课：楼梯、栏杆
扶手概述

图 8-1　楼梯的组成

其中"梯段"也叫踢跑，是连接两个平台的倾斜构件。梯段由若干个踏步组成，每个踏步一般由两个相互垂直的平面组成，水平面称为踏面，与水平面垂直的面称为踢面。梯段的踏步步数一般在 3~18 级。平台按照所处的位置分为中间平台和楼层平台，是联系两个楼梯段的水平构件。平台的作用主要是解决楼梯段的转折，同时也使人们在上下楼时能稍作休息。栏杆扶手是设置在梯段及平台边缘的安全保护构件，主要作用是保证安全。在栏杆上部供人们用手扶持的连续斜向配件称为扶手。

2. 楼梯创建思路

在 Revit 中，楼梯、栏杆扶手与坡道都属于系统族。和其他的建筑构件相同，在使用"楼梯"命令绘制前，首先要对楼梯的参数进行相应的类型属性定义或实例属性定义；其次根据"楼梯"的形式选择合适的绘制方式；最后按照图纸信息或者需要放置楼梯构件或绘制草图，由 Revit 软件自动根据设置生成楼梯。

3. 创建并绘制楼梯

Revit 中提供了【直梯▥】【螺旋楼梯◎】【转角楼梯▛】等多种楼梯的绘制样式，可以根据需要选择不同的绘制工具，绘制不同形式的楼梯。

单击【建筑】选项卡→【楼梯坡道】面板→【楼梯◈】按钮，如图 8-2 所示，切换进入【修改 | 创建 楼梯】上下文选项卡，在此可以选择楼梯的形式绘制工具，选择楼梯

绘制边界，梯段宽度等信息，如图 8-3 所示。

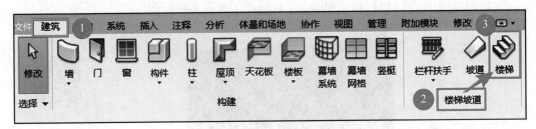

图 8-2　楼梯命令

图 8-3　修改创建楼梯

1）【修改 | 创建楼梯】选项栏参数

【修改 | 创建楼梯】选项卡激活后，在选项栏中可以根据需要选择绘制的定位线、尺寸、并选择是否自动生成平台，如图 8-4 所示。

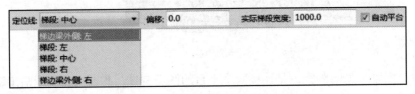

图 8-4　"修改 | 创建楼梯"选项栏

（1）定位线：用于绘制楼梯时候的位置定位。Revit 提供 5 种不同的定位线，方便进行楼梯的绘制，包括【踢边梁外侧：左】【踢边梁外侧：右】【梯段：左】【梯段：中心】【梯段：右】。默认定位线在【梯段：中心】，即绘制时以梯段中心为基准进行操作。

（2）偏移：以定位线为基准进行偏移的参数。

（3）实际梯段宽度：即所绘制的梯段的宽度，此参数也可以在属性面板中或者类型属性当中进行调整。

（4）自动平台：勾选该参数根据所绘梯段自动生成平台。

2）【构件】面板的绘制工具

在【修改 | 创建楼梯】上下文选项卡【构件】面板中，激活【梯段💿】工具，选择合适的楼梯构件样式，完成楼梯的创建，Revit 提供了不同的梯段绘制方式，可以灵活选择，包括【直梯💧】【全踏步螺旋楼梯◎】【圆心 – 端点螺旋楼梯𝜕】【L 形转角斜踏步楼梯▛】【U 形转角斜踏步楼梯▦】【创建草图✎】。

项目实例

　　完成本项目案例小别墅楼梯的创建。

微课：楼梯的创建和绘制

【实操步骤】

　　（1）打开上一节保存的项目文件，或者直接打开本书配套资源中工程文件"7.2 别墅－屋顶"文件。

　　（2）在【项目浏览器】中双击切换到 1F 楼层平面视图，单击【建筑】选项卡→【楼梯坡道】面板→【楼梯🪜】按钮，切换进入【修改|创建 楼梯】上下文选项卡，确认【构件】面板中选定【梯段🪜】，选择楼梯形式为【直梯🪜】。

　　（3）为方便绘制，在"选项栏"中，修改【定位线】为"梯段：右"，修改【实际梯段宽度】为"1200"，勾选【自动平台】。

　　在【属性】面板"类型选择器"中选择"整体浇筑楼梯"，确认【约束】栏中【底部标高】为"1F"，【顶部标高】为"2F"，【底部偏移】和【顶部偏移】参数值均为"0"；修改【尺寸标注】栏中【所需踢面数】参数值为"23"，Revit 会自动根据踢面数计算出【实际踢面高度】数值，修改【实际踏板深度】参数值为"260"。

　　使用鼠标滚轮，适当放大到 3 轴和 4 轴之间的楼梯间位置，将光标放置到 4 轴与 D 轴相交处，按照图纸说明起点向 D 轴上方偏移"40"，准备绘制楼梯梯段，如图 8-5 所示。

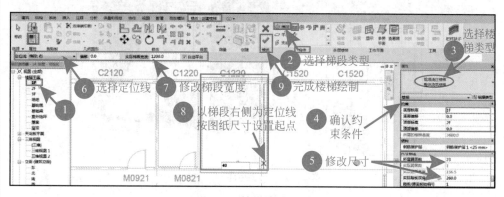

图 8-5　楼梯绘制设置

　　（4）单击开始绘制楼梯的起点，向上移动光标绘制"12"个梯段，单击结束，向左移动光标，对齐右侧梯段最上方，会出现一条蓝色虚线，单击开始第二段楼梯的绘制，向下拖动光标，完成剩余的"11"个梯段，如图 8-6（左图）所示，完成后单击【模式】面板的【完成编辑模式✔】按钮，Revit 会自动生成楼梯，如图 8-6（右图）所示。

　　（5）如果切换到三维观察，有外部墙体的遮挡，需要使用【剖面框】调整观察，也可以使用【选择框】工具快速查看生成的楼梯效果。

　　选中楼梯，切换到【修改|楼梯】上下文选项卡中，单击【视图】面板中的【选择框🪟】工具，或者使用键盘快捷键 BX，方便观察和编辑，如图 8-7 所示。

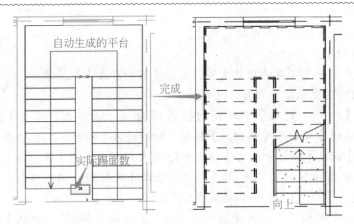

图 8-6　楼梯绘制和生成

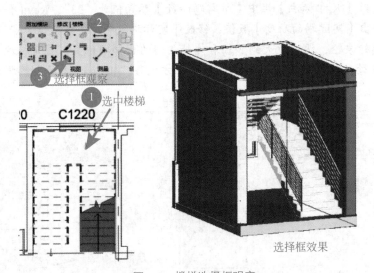

图 8-7　楼梯选择框观察

小知识

　　观察内部构件有很多种不同的方式，前面的内容中已经讲过"隔离图元""隐藏图元""剖面框""图形的可见性""选择框"等多种工具，在建模的过程中可以根据需要灵活选择这些工具进行观察或者编辑，能够有效地提高建模的效率和精度。

　　"选择框"是选中图元部分的"剖面框"，可以通过拖动框边的方向控件拖动框的可视范围。

　　（6）在选择框中选中楼梯靠墙一侧的栏杆扶手，单击【修改|栏杆扶手】选项卡→【修改】面板→【删除✖】，或者直接按 Delete 键，删除靠墙一侧的栏杆扶手，

完成一层楼梯的创建，如图 8-8 所示。

选择靠墙测栏杆扶手　　　　　　　　　删除靠墙栏杆扶手

图 8-8　楼梯和栏杆扶手

（7）在【项目浏览器】中双击切换到 2F 楼层平面视图，重复相同的方法，完成二楼到三楼的楼梯绘制，如图 8-9 所示。保存项目文件到指定文件夹中，以备后续操作。

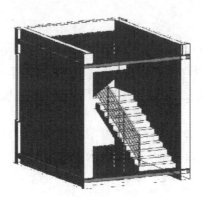

图 8-9　二层楼梯和栏杆扶手

小知识

　　如果楼梯的尺寸和位置在各层中都一致，可以使用【剪贴板】工具，"复制"相同的图元，"粘贴"到选定的标高视图中，快速创建相同的图元模型。

4. 编辑楼梯

在创建完成楼梯后，如果需要进行调整，可以通过重新编辑完成修改，如图 8-10 所示。

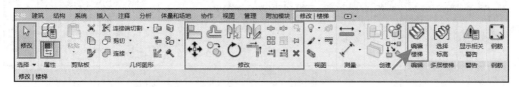

图 8-10　修改楼梯

选中楼梯，单击【修改 | 楼梯】上下文选项卡→【编辑】面板→【编辑楼梯◈】按钮，进入【修改 | 创建楼梯】上下文选项卡重新进行编辑。

> **提示**
>
> 在"1+X"建筑信息模型（BIM）职业技能等级考试初级建模考试中，楼梯是必考的，建议直接在楼梯【属性】面板"类型选择器"中选择"整体浇筑楼梯"，并根据图纸选择绘制楼梯合适的定位线，注意楼梯的尺寸参数。

任务 8.2　栏杆扶手

栏杆扶手是设置在楼梯或者平台边缘的安全保护构件。主要的作用是保证安全。

1. 栏杆扶手创建思路

在 Revit 中,【栏杆扶手】【坡道】【楼梯】三个命令都位于同一个面板中，栏杆作为楼梯和坡道的组成部分，在绘制楼梯或坡道时会自动生成。

栏杆扶手属于系统族，可以通过绘制栏杆扶手的路径在需要的位置上放置不同类型的栏杆扶手。

2. 创建栏杆扶手

Revit 2018 中栏杆扶手有两种不同的创建方式，一种是绘制路径，通过绘制栏杆扶手放置的位置生成栏杆扶手；另一种是放置在楼梯 / 坡道上，通过选择栏杆扶手类型直接在选中的楼梯 / 坡道上放置生成，如图 8-11 所示。

图 8-11　栏杆扶手创建的形式

单击【建筑】选项卡→【楼梯坡道】面板→【栏杆扶手🖉】按钮，如图 8-12 所示，切换进入【修改 | 创建 栏杆扶手】上下文选项卡，可以选择不同的绘制工具，如图 8-13 所示。

图 8-12　栏杆扶手命令

图 8-13　修改创建栏杆扶手

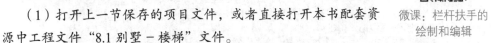

项目实例

完成本项目案例小别墅栏杆扶手的创建。

【实操步骤】

（1）打开上一节保存的项目文件，或者直接打开本书配套资源中工程文件"8.1别墅－楼梯"文件。

微课：栏杆扶手的绘制和编辑

（2）在【项目浏览器】中双击切换到3F楼层平面视图，单击【建筑】选项卡→【楼梯坡道】面板→【栏杆扶手▬】下拉箭头→【绘制路径✐】，切换进入【修改|创建栏杆扶手】上下文选项卡，在【绘制】面板中选择合适的绘制工具，在【属性】面板"类型选择器"中选择需要的栏杆扶手样式"玻璃嵌板－底部填充"。适当放大视图，按照图纸所示，沿三层露台的边沿绘制栏杆扶手路径。调整【属性】面板中的【约束】条件，完成后单击【模式】面板下的【完成编辑模式✔】按钮，完成露台栏杆扶手的创建，如图8-14所示。

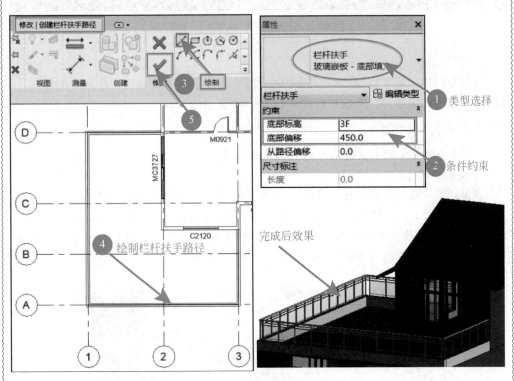

图 8-14　三楼露台栏杆扶手创建

（3）使用相同的方法，完成二层和三层阳台栏杆扶手，如图8-15所示。

图 8-15　别墅室外栏杆扶手示意图

3. 编辑栏杆扶手

创建完后如果需要标记，可以选中之后在【属性】面板中调整栏杆扶手的样式，也可以通过修改约束条件，完成栏杆扶手位置的调整。

项目实例

完善本项目案例小别墅内部栏杆扶手的编辑。

【实操步骤】

（1）上一节中我们已经完成了室内楼梯的创建，拉杆扶手作为楼梯的组成部分已经完成，但是上下梯段之间并未相连，需要后期进行编辑调整。

（2）在 3F 楼层平面视图中，放大到楼梯间位置，使用绘制栏杆扶手路径的方式，在示意图位置完成栏杆扶手的创建，如图 8-16 所示。

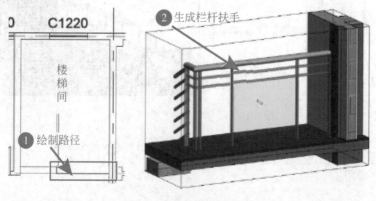

图 8-16　三层室内栏杆扶手

（3）双击切换到 2F 楼层平面视图，选中栏杆扶手，在"类型选择器"中选择"玻璃嵌板－底部填充"，把栏杆扶手的类型替换成新的类型，如图 8-17 所示。用相同的方法，把一层的栏杆扶手也替换成相同的类型。

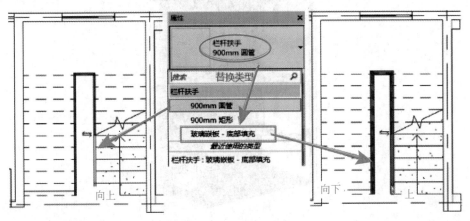

图 8-17　替换栏杆扶手类型

（4）切换回 1F 楼层平面视图，选中栏杆扶手，单击【修改 | 栏杆扶手】选项卡→【模式】面板→【编辑路径 】工具按钮，显示出栏杆扶手的路径，直接拖动栏杆扶手两端延长到轴线处，选择【线 】工具，将两端连接起来，完成两段梯段间的栏杆扶手路径，完成室内楼梯及栏杆扶手的绘制，如图 8-18 所示。

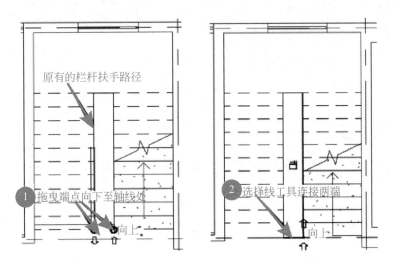

图 8-18　重新编辑栏杆扶手路径

编辑完成后，单击【模式】面板下的【完成编辑模式 】，完成楼梯、栏杆扶手的编辑，如图 8-19 所示。保存 9- 项目文件到指定文件夹中，以备后续操作。

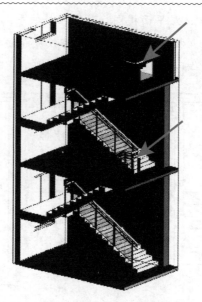

图 8-19　室内楼梯栏杆扶手三维示意图

模 块 9 建筑建模——洞口及零星构件

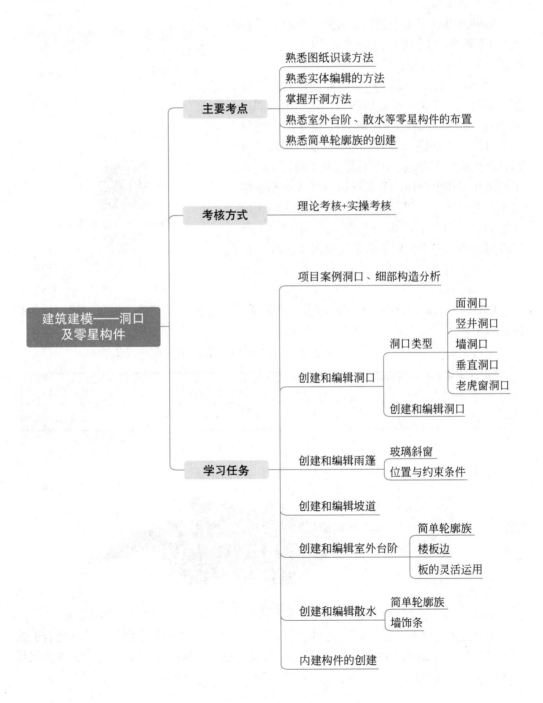

建筑建模——洞口及零星构件

- 主要考点
  - 熟悉图纸识读方法
  - 熟悉实体编辑的方法
  - 掌握开洞方法
  - 熟悉室外台阶、散水等零星构件的布置
  - 熟悉简单轮廓族的创建

- 考核方式
  - 理论考核+实操考核

- 学习任务
  - 项目案例洞口、细部构造分析
  - 创建和编辑洞口
    - 洞口类型
      - 面洞口
      - 竖井洞口
      - 墙洞口
      - 垂直洞口
      - 老虎窗洞口
    - 创建和编辑洞口
  - 创建和编辑雨篷
    - 玻璃斜窗
    - 位置与约束条件
  - 创建和编辑坡道
  - 创建和编辑室外台阶
    - 简单轮廓族
    - 楼板边
    - 板的灵活运用
  - 创建和编辑散水
    - 简单轮廓族
    - 墙饰条
  - 内建构件的创建

任务 9.1　洞口

建模过程中会遇到很多需要在模型上开口的情况，例如管道井、电梯井等。Revit 中不仅可以通过编辑楼板、屋顶、墙体的轮廓来实现开洞，也可以使用内建模族创建异性洞口，还可以使用专门的【洞口】工具来完成开洞的要求。

1. 洞口类型

Revit 中提供了五个洞口相关的工具命令：【按面⬈】【竖井⊞】【墙⬒】【垂直⬓】【老虎窗↗】，如图 9-1 所示，可以在项目中灵活使用。

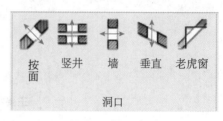

图 9-1　洞口类型

【按面⬈】洞口工具可以用来创建垂直于屋顶、楼板或天花板中平面的洞口，创建出的洞口是垂直于选中的面进行剪切的；【竖井⊞】洞口工具可以用来创建跨多个标高层的垂直洞口，可以贯穿楼板、天花板、屋顶；【墙⬒】洞口工具可以用来在墙体上剪切一个矩形洞口；【垂直⬓】洞口工具可以用来创建贯穿楼板、天花板、屋顶的垂直洞口，垂直于标高层；【老虎窗↗】洞口工具可以用来剪切屋顶，用于为老虎窗创建洞口。

微课：洞口的类型
及创建

2. 创建洞口

1）面洞口

Revit 中，面洞口通过【按面⬈】工具在垂直于楼板、天花板、屋顶、梁、柱等构件的水平面、斜面或者垂直面中剪切洞口。

单击【建筑】选项卡→【洞口】面板→【按面⬈】按钮，如图 9-2 所示。

图 9-2　按面洞口命令

激活工具按钮后，选中要开洞的面，如图 9-3 所示。

图 9-3　选择面

切换进入【修改|创建 洞口边界】上下文选项卡，在【绘制】面板中选择适合的绘制工具，在选中的面上绘制洞口的形状，完成后单击【模式】面板中的【完成编辑模

式 ✔ 】，在选中面上就会开出绘制形状的洞口，如图 9-4 所示。

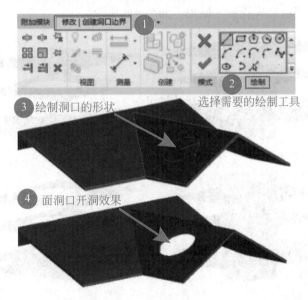

3　绘制洞口的形状

选择需要的绘制工具

4　面洞口开洞效果

图 9-4　创建面洞口

2）竖井洞口

可以通过【竖井 ▦ 】工具创建一个跨越多个标高层的垂直洞口。

单击【建筑】选项卡→【洞口】面板→【竖井 ▦ 】按钮，切换进入【修改|创建 竖井洞口草图】上下文选项卡，在【绘制】面板中选择适合的绘制工具，在拟开洞的面上绘制洞口的形状，完成后单击【模式】面板中的【完成编辑模式 ✔ 】按钮，如图 9-5 所示。

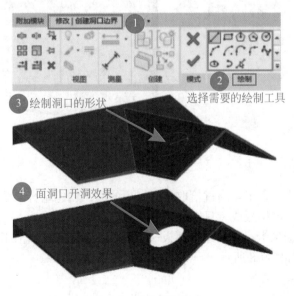

3　绘制洞口的形状

选择需要的绘制工具

4　面洞口开洞效果

图 9-5　竖井洞口命令

通过调整生成的竖井洞口上的方向控件，使竖井洞口垂直贯穿需要穿越的标高层，可以同时剪切贯穿楼板、天花板、屋顶，如图 9-6 所示。

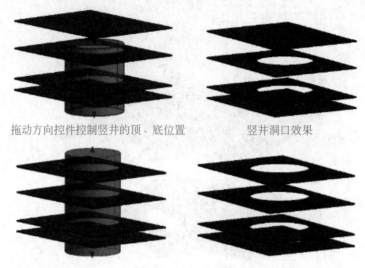

拖动方向控件控制竖井的顶、底位置　　　　　竖井洞口效果

图 9-6　竖井洞口调整

3）墙洞口

可以通过【墙 ▦】工具在任意墙体和幕墙上快速创建洞口。

单击【建筑】选项卡→【洞口】面板→【墙 ▦】按钮，激活工具按钮后，选中要开洞的墙，如图 9-7 所示。"墙洞口"命令只能开矩形洞口，不能用此工具开其他形状的洞口，绘制出洞口后，可以调整临时尺寸以确定洞口大小。

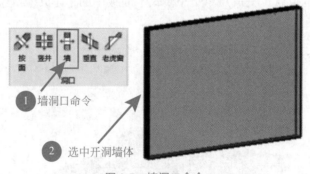

① 墙洞口命令

② 选中开洞墙体

图 9-7　墙洞口命令

4）垂直洞口

可以通过【垂直 ▨】工具通过拾取板、屋顶的面，创建垂直某个标高的洞口。垂直洞口一次只能剪切一层楼板或者只能创建一个洞口。

单击【建筑】选项卡→【洞口】面板→【垂直 ▨】按钮，激活工具按钮后，选中要开洞的板或屋顶，如图 9-8 所示。

图 9-8　垂直洞口命令

切换进入【修改|创建 洞口边界】上下文选项卡，在【绘制】面板中选择适合的绘制工具，绘制洞口的形状，完成后单击【模式】面板中的【完成编辑模式 ✔】按钮，完成垂直于标高层的洞口，如图 9-9 所示。

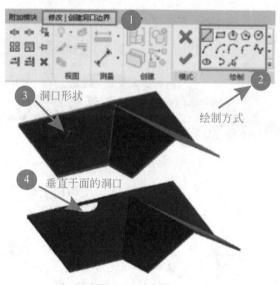

图 9-9　垂直洞口

5）老虎窗

老虎窗洞口比较特殊，只用于剪切屋顶，为老虎窗创建洞口。

要创建老虎窗洞口，必须先创建好一个有老虎窗的屋顶。老虎窗洞口的生成和其他的洞口相同，需要一个闭合的轮廓，和其他的洞口命令不同的是，其他的洞口是直接根据需要绘制而成，但老虎窗洞口不能直接绘制轮廓，需要"拾取"或者"模型线"完成轮廓后再自动生成洞口。

在原有的屋顶上创建小屋顶，选中新建的小屋顶，通过【修改|屋顶】上下文选项卡→【几何图形】面板→【连接／取消连接屋顶 ▷】工具按钮，连接到大屋顶上，如图 9-10 所示。

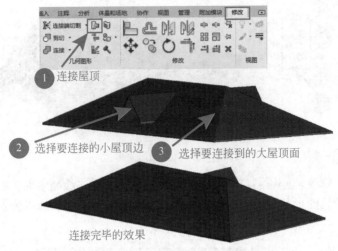

图 9-10　将新建小屋顶连接至大屋顶

绘制墙体，准备进行老虎窗洞口的剪切，如图 9-11 所示。

图 9-11　绘制墙体

创建好老虎窗屋顶后，单击【建筑】选项卡→【洞口】面板→【老虎窗 ✎】，激活工具按钮后，选择要被老虎窗洞口剪切的屋面，如图 9-12 所示。

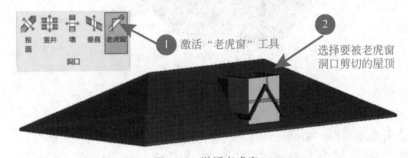

图 9-12　激活老虎窗

激活【修改|编辑 草图】上下文选项卡→【拾取】面板中→【拾取屋顶/墙边缘 ▱】，依次拾取老虎窗洞口边缘作为轮廓迹线，并使用【修剪 ┑】工具，保证洞口轮廓为闭合轮廓，如图 9-13 所示。完成轮廓迹线后，单击【模式】面板中的【完成编辑模式 ✔】按钮，生成老虎窗洞口，如图 9-14 所示。

选中墙体，激活【修改|墙】上下文选项卡，单击【附着顶部 ▱】命令，选中小屋顶，完成屋顶老虎窗的创建，如图 9-15 所示。

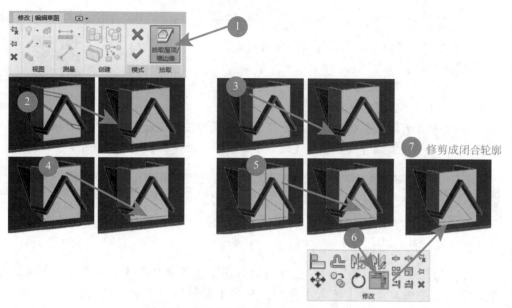

图 9-13　拾取编辑老虎窗洞口迹线

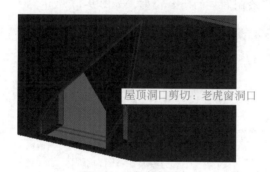

图 9-14　老虎窗洞口

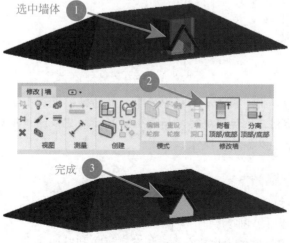

图 9-15　老虎窗

项目实例

完成本项目案例小别墅楼梯间洞口的创建。

【实操步骤】

（1）打开上一节保存的项目文件，或者直接打开本书配套资源中工程文件"8.2 别墅 – 栏杆扶手"文件。

微课：楼梯间开洞

（2）【项目浏览器】中双击切换到 1F 楼层平面视图，滚动鼠标适当放大视图至楼梯间位置。单击【建筑】选项卡→【洞口】面板→【竖井 ▦】按钮，如图 9-16 所示。

图 9-16　竖井洞口命令

（3）切换进入【修改 | 创建 竖井洞口草图】上下文选项卡，在【属性】面板中调整"竖井洞口"的【约束】条件，确定【底部约束】为"1F"，【顶部约束】为"直到标高：3F"。在【绘制】面板中选择适合的绘制工具，本项目使用【矩形 ▭】工具，在楼梯间绘制洞口的闭合轮廓，如图 9-17 所示。

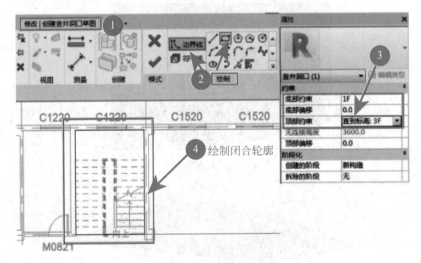

图 9-17　竖井洞口

（4）绘制完后单击【模式】面板中的【完成编辑模式 ✔】按钮，完成"竖井洞口"的创建，切换到三维视图观察，如图 9-18 所示。完成洞口编辑后，保存项目文件到指定文件夹中，以备后续操作。

小知识

竖井洞口生成后，会在上下两端出现方向控件，使用鼠标拖曳方向控件，可以轻松调整竖井的【底部约束】和【顶部约束】位置。如果不需要洞口，直接选中洞口删除即可，被剪切的构件会自动恢复未被剪切时的状态。

图 9-18　完成竖井洞口

提示

　　在"1+X"建筑信息模型（BIM）职业技能等级考试初级建模考试中，综合实操题目中对洞口的考察是通过楼梯间进行的，实际模型中，楼梯间、通风口处也是需要有洞口的，因此，要掌握开洞的方法并灵活使用。

任务 9.2　雨篷

　　除了建筑主体模型外，建筑物通常还会有很多其他的零星构件，例如雨篷、台阶、家具、栅栏、散水等。

　　1. 雨篷的创建思路

　　Revit 中雨篷的创建可以使用"板""屋顶"命令进行。通过编辑类型属性和实例属性，确定雨篷的尺寸、材质及位置。

　　2. 雨篷创建

项目实例

　　完成本项目案例小别墅东侧玻璃雨篷的创建。

　　【实操步骤】

　　（1）打开上一节保存的项目文件，或者直接打开本书配套资源中工程文件"9.1 别墅－洞口"文件。

微课：雨篷的创建和编辑

　　（2）在【项目浏览器】中双击切换到 2F 楼层平面视图，滚动鼠标适当放大视图东侧室外 C 轴和 D 轴之间，单击【建筑】选项卡→【构建】面板→【屋顶 ▦】下拉箭头，选择【迹线屋顶▦】工具按钮。

　　（3）切换进入【修改|创建 屋顶迹线】上下文选项卡，在【属性】面板"类型

选择器"中选择"玻璃斜窗"，在【绘制】面板中激活【边界线 兀 】，选择【矩形
▢ 】工具按钮，按照图纸绘制雨篷的轮廓，绘制完后，选中雨篷的四条边，取消
"坡度定义"，如图 9-19 所示。绘制完后单击【模式】面板中的【完成编辑模式 ✔ 】，
完成"玻璃斜窗"的创建，切换到三维视图观察，如图 9-20 所示。

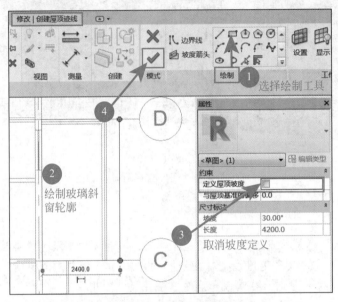

图 9-19　绘制雨篷轮廓

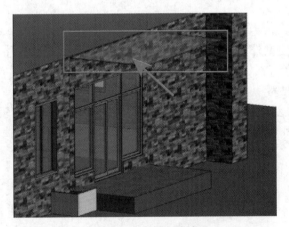

图 9-20　玻璃斜窗的放置

（4）选中"玻璃斜窗"，单击【编辑类型 ▤ 】按钮，在"类型属性"对话框
中进行参数编辑。在【构造】栏中选择【幕墙嵌板】为"系统嵌板：玻璃"；修
改【网格 1】和【网格 2】的【布局】为"固定数量"；选择【网格 1 竖梃】和【网
格 2 竖梃】的类型，完成后单击【确定】按钮。完成编辑后，在【属性】面板中修
改【约束】条件栏参数，确认【底部标高】为"2F"，修改【自标高的底部偏移尺

寸】参数值为"-900",【网格 1】和【网格 2】编号为"2",【对正】为"中心",如图 9-21 所示。

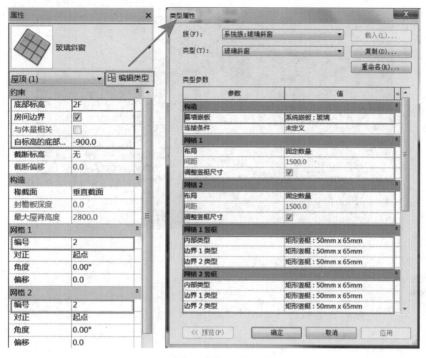

图 9-21　编辑雨篷细节

（5）绘制完后单击【模式】面板中的【完成编辑模式 ✔】按钮，完成雨篷的创建，切换到三维视图观察，如图 9-22 所示。完成后保存项目文件到指定文件夹中，以备后续操作。

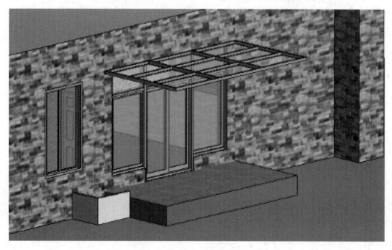

图 9-22　雨篷

3. 雨篷编辑

玻璃斜窗的编辑和玻璃幕墙相同，网格和竖梃可以参照幕墙的编辑方法。

可以在【属性】面板中调整网格数量，如图 9-23 所示。

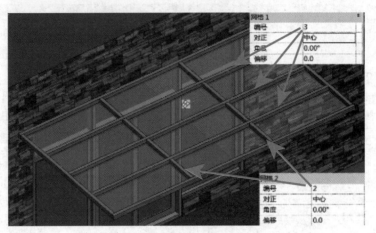

图 9-23　网格编辑

提示

　　在"1+X"建筑信息模型（BIM）职业技能等级考试初级建模考试中，综合实操题尚未专门考察过雨篷的创建，但在实际模型中，这是常见的小构件，应该学会。

任务 9.3　室外台阶

1. 室外台阶的创建思路

1）方法一：通过多块板叠加创建

Revit 中室外台阶的创建可以使用"板"命令进行。室外台阶一般情况阶数不会特别多，可以通过制作多块相同材质但不同尺寸参数的板进行叠加放置，创建室外台阶。

2）方法二：通过简单轮廓族创建

可以创建一个简单的轮廓族，并将新建轮廓载入项目中，使用【楼板：楼板边】命令实行室外台阶的创建。

2. 室外台阶创建

项目实例

　　完成本项目案例小别墅室外台阶的创建。

【实操步骤】

　　（1）打开上一节保存的项目文件，或者直接打开本书配套资源中工程文件"9.2 别墅－雨篷"文件。在此项目案例中，我们详细介绍使用"轮廓族"创建室外台阶的方法。

微课：室外台阶的创建

（2）切换到 1F，滚动鼠标适当放大视图到南侧 3 轴和 4 轴之间大门的位置，单击【建筑】选项卡→【构建】面板→【楼板▣】下拉箭头→【楼板：建筑▣】工具，绘制如图 9-24 所示楼板，确认选择"回填－防滑砖－450"板类型。绘制完后单击【模式】面板中的【完成编辑模式✔】按钮，完成楼板的创建。

（3）单击【文件】菜单，在文件列表中选择【新建】后的展开按钮，在列表当中单击【族】，如图 9-25 所示。在弹出的【新族－选择样板文件】对话框中选择"公制轮廓"样板，存储位置为"C://ProgramData/Autodesk/RVT2018/Family Templates/Chinese/ 公制轮廓"，单击【打开】按钮，如图 9-26 所示，进入轮廓族编辑器模式。

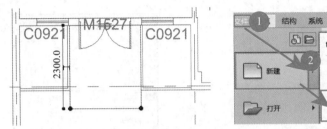

图 9-24 大门口楼板

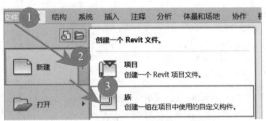

图 9-25 新建族

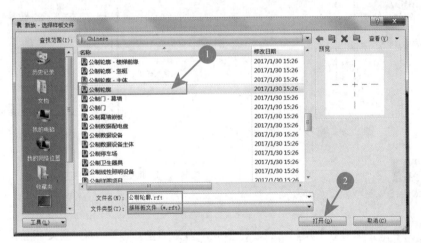

图 9-26 新建族选择样板文件

（4）使用【创建】选项卡→【详图】面板→【线▫】工具，如图 9-27 所示。切换进入【修改|放置线】上下文选项卡，在【绘制】面板中选择【线✏】，在【修改|放置线】选项栏中勾选【链】，使绘制线条首尾连接，如图 9-28 所示。

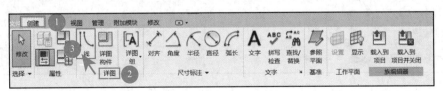

图 9-27 选择工具

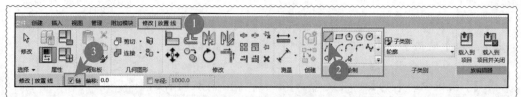

图 9-28 修改放置线

（5）在绘图区域中，以参照平面中心为基点在第 1 象限内绘制封闭的室外台阶断面轮廓，如图 9-29 所示。在【属性】面板中，在【其他】参数栏中单击【轮廓用途】参数后的下拉箭头，在下拉列表中选择"楼板边缘"，如图 9-30 所示。

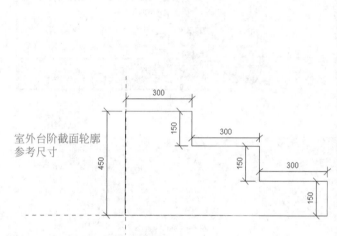

室外台阶截面轮廓
参考尺寸

图 9-29 室外台阶断面参考轮廓

图 9-30 轮廓族用途

小知识

轮廓族绘制的是要创建的实体的截面，绘制的轮廓不得有重叠的线。

（6）单击【保存】按钮，将该轮廓族命名为"室外台阶.rfa"族文件并保存。可以在项目需要的时候，【插入】项目中使用。或者在族编辑器中单击【族编辑器】面板中的【载入到项目中】按钮，将该轮廓族载入项目中，或者单击【载入到项目并关闭】按钮，如图 9-31 所示，存储创建的轮廓族，并将该族载入项目中。

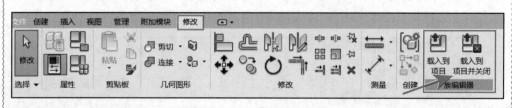

图 9-31 载入创建的族到项目

（7）新建的轮廓族载入项目后，在项目文件中，单击【建筑】选项卡→【构建】面板→【楼板 ⬚】下拉箭头→【楼板：建筑 ⬚】工具按钮，如图 9-32 所示。

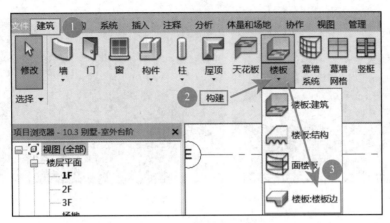

图 9-32　楼板边命令

（8）单击楼板边缘【属性】面板中的【编辑类型 ⬚】按钮，打开【类型属性】对话框，单击【构造】参数中【轮廓】值后的下拉箭头，在下拉列表当中选择刚刚载入的"室外台阶"，设置完成后单击【确定】按钮，退出【类型属性】对话框，如图 9-33 所示。

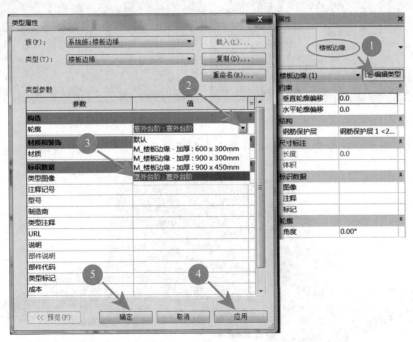

图 9-33　楼板边轮廓设置

（9）切换到三维视图，准备放置楼板边。适当放大视图至大门出入口处，单击拾取创建的主入口楼板的下边缘，此时创建的楼板边缘轮廓将自动生成台阶，如图 9-34 所示。

 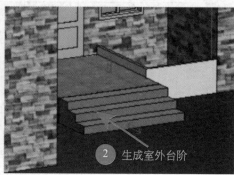

图 9-34　楼板边生成室外台阶

（10）重复相同的步骤，在另外两个室外出口处创建室外台阶，台阶创建完毕后，如果位置不合适，可以直接使用鼠标拖曳台阶端点至合适的位置，如图 9-35 所示。

 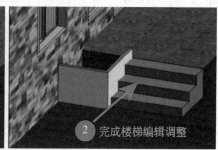

图 9-35　室外台阶调整

（11）完成室外台阶后如图 9-36 所示，保存项目文件，以备后续课程继续操作。

图 9-36　室外台阶三维示意图

> **提示**
>
> 　　在"1+X"建筑信息模型（BIM）职业技能等级考试初级建模考试中，考试模型一般都会有室外台阶，可以使用新建轮廓族载入项目的方法创建，也可以直接根据参数创建多块板叠加创建室外台阶。

任务 9.4　散水

1. 散水的创建思路

散水作为建筑中保护房屋墙基不受雨水侵蚀的室外倾斜的坡面，在 Revit 中可以通过使用"轮廓族"绘制散水的截面轮廓，将散水轮廓载入项目中进行放置，类似于室外台阶的创建方式。不同的是"散水"是基于墙体存在的，因此在创建散水的轮廓族时，要选择其功能为"墙饰条"。

2. 散水创建

项目实例

　　完成本项目案例小别墅散水的创建。

【实操步骤】

（1）打开上一节保存的项目文件，或者直接打开本书配套资源中工程文件"9.3 别墅 - 室外台阶"文件。

微课：散水的创建和编辑

（2）单击【文件】菜单，在文件列表中选择【新建】后的展开按钮，在【新建】列表中单击【族】，在弹出的【新族 - 选择样板文件】对话框中选择"公制轮廓"样板，单击"打开"按钮，进入轮廓族编辑器模式。

（3）使用【创建】选项卡→【详图】面板→【线】工具，切换进入【修改|放置 线】上下文选项卡，在【绘制】面板中选择【线】。在绘图区域中，以参照平面中心为基点在第 1 象限内绘制封闭的散水断面轮廓，如图 9-37 所示，在【属性】面板中，在【其他】参数栏中单击【轮廓用途】参数后的下拉箭头，在下拉列表中选择"墙饰条"，如图 9-38 所示。

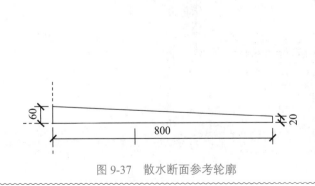

图 9-37　散水断面参考轮廓

图 9-38　定义轮廓用途

（4）单击【族编辑器】面板中的【载入到项目中█】按钮或者【载入到项目并关闭█】按钮，将该轮廓族载入项目中。

（5）切换到三维视图中，准备放置散水。单击【建筑】选项卡→【构建】面板→【墙█】下拉箭头→【墙：饰条█】工具按钮，如图9-39所示。

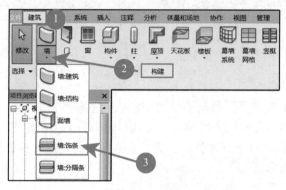

图 9-39 墙饰条命令

小知识

墙饰条需要在三维视图中进行放置。

（6）单击墙饰条【属性】面板中的【编辑类型█】按钮，打开【类型属性】对话框，单击【复制】，创建"散水"类型，如图9-40所示。

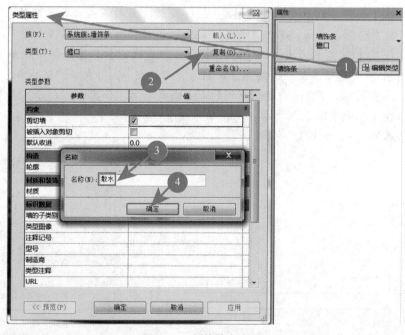

图 9-40 创建散水类型

（7）对新创建的散水类型参数进行定义，单击【构造】参数中【轮廓】值后的下拉箭头，在下拉列表当中选择刚刚载入的"散水：散水"，单击【材质和装饰】参数中【材质】值后的"编辑▣"按钮，在【材质浏览器】中选择"混凝土－现场浇筑混凝土"材质，完成散水材质的设置，完成散水参数的定义后，单击【确定】按钮，退出【类型属性】对话框，如图 9-41 所示。

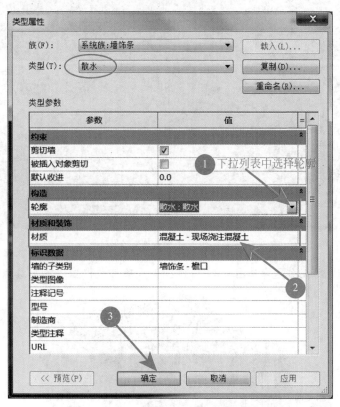

图 9-41　散水参数定义

（8）在【修改 | 放置 墙饰条】上下文选项卡中，确认【放置】面板中墙饰条以【水平】位置放置，如图 9-42 所示。

图 9-42　修改放置墙饰条选项卡

（9）将光标移至别墅外墙底部，会出现散水放置的预览，单击将放置散水。沿外墙底部顺序单击，Revit 将沿别墅外墙底部生成散水，放置完成后按 Esc 键退出墙饰条的放置，如图 9-43 所示。

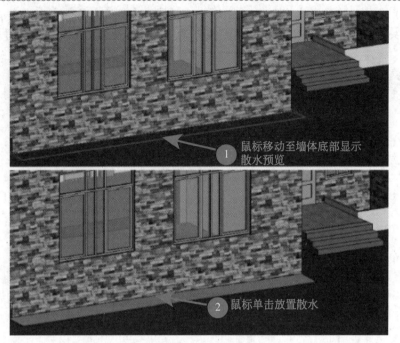

图 9-43　散水放置示意图

（10）完成散水放置后如图 9-44 所示，保存项目文件，以备后续课程继续操作。

图 9-44　散水三维示意图

提示

　　在 "1+X" 建筑信息模型（BIM）职业技能等级考试初级建模考试中，散水通常都会考察，一般情况下只会给定一个宽度尺寸，其余尺寸并未做具体要求，本节散水轮廓尺寸可以作为参考。

任务 9.5　坡道

1. 坡道的创建思路

坡道命令和楼梯命令在同一面板上，因此坡道的创建和楼梯很像，通过绘制坡道路径生成，并会自动带有栏杆扶手。

2. 坡道的创建

项目实例

完成小别墅坡道的创建（本书中小别墅项目图纸没有坡道，此处主要进行坡道命令的讲解）。

微课：坡道的创建和编辑

【实操步骤】

（1）打开上一节保存的项目文件，或者直接打开本书配套资源中工程文件"9.4 别墅 – 散水"文件。

（2）在【项目浏览器】中双击切换到室外地坪楼层平面视图，单击【建筑】选项卡→【楼梯坡道】面板→【坡道 】按钮，如图 9-45 所示。

图 9-45　坡道命令

（3）切换进入【修改|创建 坡道草图】上下文选项卡，在【绘制】面板中选择【梯段】，选择【线 】工具，适当放大西侧，从 A 轴开始向 D 轴方向绘制坡道草图，并根据需要调整坡道尺寸，如图 9-46 所示。

图 9-46　绘制和修改坡道

（4）绘制完毕后单击【模式】面板【完成编辑模式 ✔】按钮，完成坡道的创建，切换到三维视图观察，调整坡道的位置，如图 9-47 所示。

图 9-47　调整坡道位置

（5）选中坡道，单击【属性】面板【编辑类型 🔳】按钮，打开【类型属性】对话框，单击【构造】参数中【造型】值后的下拉箭头，在下拉列表当中选择"实体"，设置完成后单击【确定】按钮，退出【类型属性】对话框，如图 9-48 所示。造型"结构板"与造型"实体"的区别如图 9-49 所示。

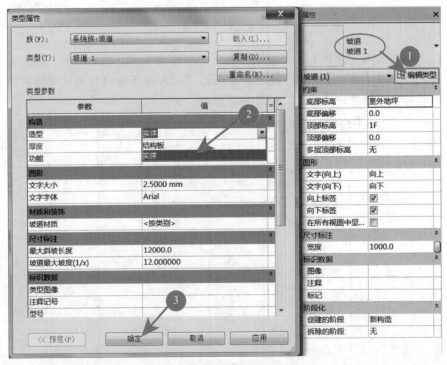

图 9-48　编辑坡道造型

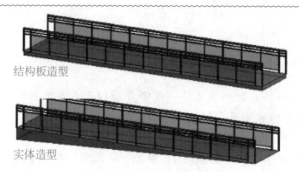

结构板造型

实体造型

图 9-49　不同造型的坡道

（6）如果不需要栏杆扶手，直接选中删除即可。如果需要添加栏杆扶手，则绘制路径，选择合适的类型放置栏杆扶手即可，如图 9-50 所示。

图 9-50　坡道三维示意

> **提示**
>
> 　　在"1+X"建筑信息模型（BIM）职业技能等级考试初级建模考试中，坡道偶尔会考察。

任务 9.6　栅栏（选学）

1. 栅栏的创建思路

建模时有很多特殊的定制构件，但是 Revit 中没有直接可以使用的构件命令。此时，可以通过内建族的方式根据需要创建合适的构件（族的创建方法在模块 15 中详细讲解）。

2. 栅栏的创建

项目实例

完成本项目案例小别墅栅栏的创建。

【实操步骤】

（1）打开上一节保存的项目文件，或者直接打开本书配套资源中工程文件"9.4 别墅 – 散水"文件。

微课：木栅栏的
创建和编辑

（2）使用内建族的方式完成别墅木栅栏的创建。

在【项目浏览器】中双击切换到 1F 楼层平面视图，单击【建筑】选项卡→【构建】面板→【构件】命令下拉箭头→【内建模型】工具按钮，如图 9-51 所示。

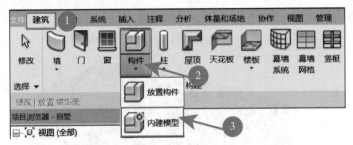

图 9-51　创建内建模型

（3）在弹出的【族类别和族参数】对话框中，在【过滤器列表】中选择"建筑"，在下方列表中展开"栏杆扶手"类别，选择"支座"，单击【确定】按钮，如图 9-52 所示，将创建的内建族命名为"木栅栏"，如图 9-53 所示。

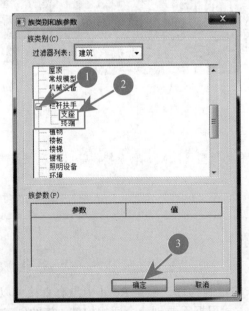

图 9-52　选择内建族类别

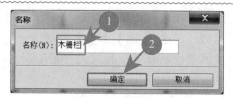

图 9-53　命名内建族名称

（4）进入族创建编辑界面，单击【创建】选项卡→【形状】面板→【拉伸🗋】工具按钮，如图 9-54 所示。

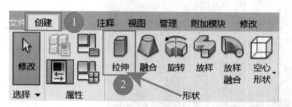

图 9-54　拉伸命令

（5）切换进入【修改 | 创建 拉伸】上下文选项卡→【工作平面】面板→【设置🪟】工具按钮，设置一个拉伸工作平面，如图 9-55 所示。

图 9-55　设置工作平面

（6）单击设置工作平面命令后，弹出【工作平面】对话框，确定当前工作平面为"标高：1F"，在【指定新的工作平面】栏中选择【拾取一个平面】，单击【确定】按钮，如图 9-56 所示，使用鼠标滚轮放大视图至 A 轴位置，单击 A 轴拾取参照平面，如图 9-57 所示。

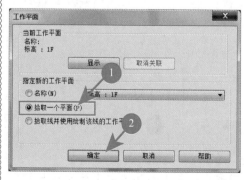

图 9-56　工作平面对话框

图 9-57　拾取参照平面

（7）跳出【转到视图】对话框，选择"立面：南"，单击【打开视图】。在南立面三维视图中，确认【修改|创建 拉伸】上下文选项卡→【绘制】面板→【线 ✏】工具，放大视图到要放置木栅栏的位置，按照大样图绘制木栅栏的轮廓，如图 9-58 所示。

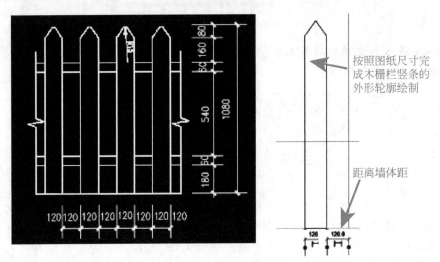

图 9-58　按照参数绘制轮廓

（8）单击【修改|创建 拉伸】上下文选项卡→【绘制】面板→【圆角弧 ✦】命令，修改木栅栏顶端尖为圆弧形，如图 9-59 所示。放大木栅栏尖端，选择两条斜边，形成"圆角弧"，单击圆角弧的弧度，修改参数为"15°"，完成顶端圆角弧编辑，如图 9-60 所示。

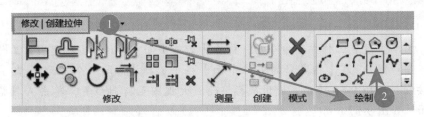

图 9-59　绘制圆角弧命令

① 分别单击两条边　② 修改圆角弧弧度　③ 完成编辑

图 9-60　圆角弧绘制

（9）在【属性】面板中修改相关参数，调整【约束】条件栏中【拉伸起点】参数值为"30",【拉伸终点】参数值为"60",（木栅栏板厚为30，因此拉伸起点和拉伸终点间的差值为30；拉伸起点的参数是栅栏与轴线间的偏移距离）；单击【材质和装饰】条件栏中【材质】后的"编辑⬚"按钮，在【材质浏览器】中选择合适的材质，如图9-61所示。

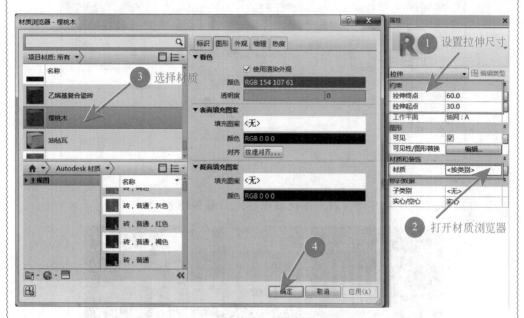

图 9-61 拉伸约束条件和材质赋予

（10）调整完后，单击【修改|创建 拉伸】上下文选项卡→【模式】面板→【完成编辑模式✔】按钮，返回上层选项卡，切换到三维视图查看完成后的木栅栏竖条拉伸效果，如图9-62所示。双击切换回1F楼层平面视图，可见创建出的栅栏，如图9-63所示。

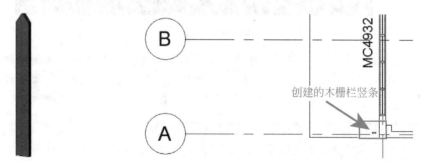

图 9-62 木栅栏竖条拉伸结果　　　　图 9-63 1F 楼层平面木栅栏竖条

（11）选中已经创建的木栅栏竖条，使用【修改|拉伸】上下文选项卡→【修改】面板→【复制】命令或者【阵列】命令，放置其余的木栅栏竖条，每个木栅栏竖条之间间隔为"120"，在转角位置处，选中要变换方向的木栅栏竖条，单击

【修改】面板中的【旋转○】按钮，或者直接使用快捷键 RO 激活旋转命令，在"选项栏"中输入【角度】为"90"，按 Enter 键，将木栅栏竖条转到合适的位置，如图 9-64 所示。

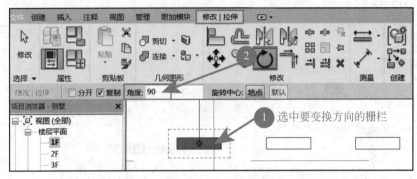

图 9-64　旋转并调整

（12）放置完毕后，切换到三维视图观察，如图 9-65 所示。

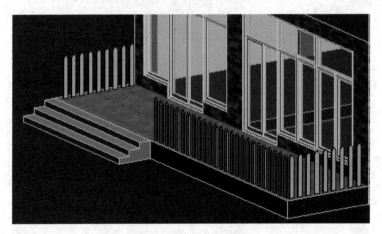

图 9-65　木栅栏示意图

（13）在此基础上，继续完成木栅栏横条的创建。横条贯穿了木栅栏的竖条，使用【放样】工具完成。双击切换到"南立面"视图，方便进行绘制木栅栏横条，单击【创建】选项卡→【基准】面板→【参照平面】工具按钮，如图 9-66 所示。

图 9-66　创建参照平面

（14）单击【修改 | 放置 参照平面】上下文选项卡→【绘制】面板→【线✏】

工具，根据木栅栏图纸，绘制一条距离栅栏底部向上偏移"780"的参照平面，如图 9-67 所示。

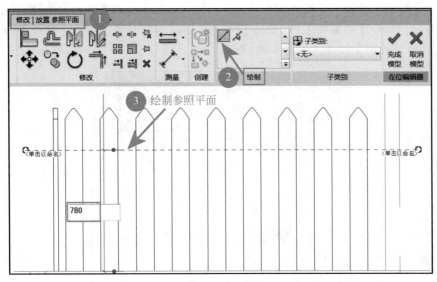

图 9-67　设置参照平面

（15）单击【创建】选项卡→【形状】面板→【放样 】命令按钮，切换进入【修改 | 放样】上下文选项卡，在【放样】面板中使用【绘制路径 】工具按钮，进入下一级【修改 | 放样 > 绘制路径】选项卡，在【工作平面】面板中选择【设置 】命令，在弹出的【工作平面】对话框中选择【拾取一个平面】，单击拾取上一步绘制的参照平面，如图 9-68 所示。

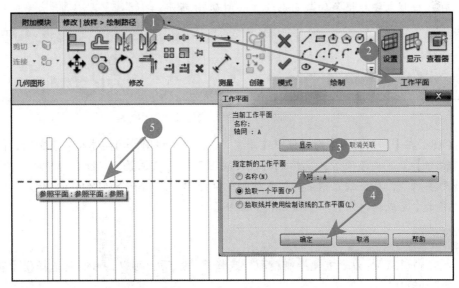

图 9-68　设置并拾取工作平面

（16）在【转到视图】对话框中选择"楼层平面：1F"，转到 1F 楼层平面视图绘制木栅栏横条的路径，切换到 1F 楼层平面，单击【修改|放样 > 绘制路径】选项卡→【绘制】面板→【线 ✎ 】工具，沿已经完成的木栅栏竖条的内侧绘制横条的放置路径，配合【修剪 ⊣ 】，保证路径是一条连续不断的线，单击【模式】面板下【完成编辑模式 ✅ 】按钮，如图 9-69 所示。

图 9-69　绘制横木条路径

（17）退回到【修改|放样】选项卡，在【放样】面板中单击【编辑轮廓 】工具按钮，绘制木栅栏横条的截面形状，如图 9-70 所示。

图 9-70　编辑放样轮廓

（18）在【转到视图】对话框中选择"立面：南"视图，切换进入【修改|放样 >编辑轮廓】上下文选项卡，鼠标滚轮放大视图至红色点位置，以红点为中心，绿色虚线为参照线，在要放置横条的位置绘制放样轮廓，完成一个 20×60 的矩形闭合轮廓，单击【完成编辑模式 ✅ 】按钮，如图 9-71 所示。

小知识

　　转到视图，是为了方便绘制截面，选择哪个立面都可以，原则是选择便于观察和编辑的视图面。

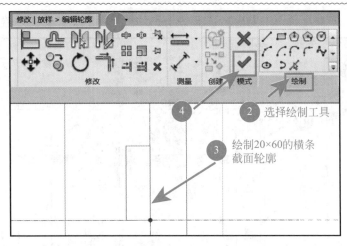

图 9-71　绘制放样截面矩形轮廓

（19）切换到三维视图，在【属性】面板中修改【材质】和木栅栏竖条材质一致，单击【修改|拉伸】选项卡→【在位编辑器】面板→【完成模型✔】按钮，在三维视图中可见已经创建了横条，如图 9-72 所示。

图 9-72　木栅栏三维示意图

（20）选中已经生成的木栅栏模型，切换进入【修改|支座】上下文选项卡，单击【模型】面板中的【在位编辑】工具，如图 9-73 所示，进入编辑界面。

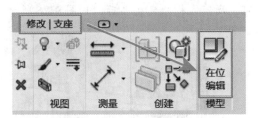

图 9-73　在位编辑

（21）选中木栅栏模型的横条，进入【修改|放样】上下文选项卡，双击切换到"南立面"视图，激活【修改】面板中的【复制】工具，在【修改|放样选项栏】中勾选【约束】，选择已有横条的下方端点为起点，向下移动光标复制，单击向下

的临时尺寸，将其修改为"600"，单击完成第二根横条的放置，如图 9-74 所示。

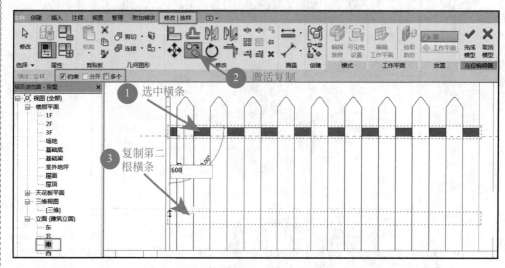

图 9-74　复制生成第二条横条

（22）切换到三维视图，观察完成的模型，确定不需要更改后，单击【在位编辑器】面板中的【完成模型 ✓】按钮，完成的三维模型，如图 9-75 所示。

图 9-75　木栅栏三维示意图

（23）其余的木栅栏使用相同的方法创建，中途不退出，直到所有木栅栏完成后，勾选完成模型即可，所有木栅栏完成之后，如图 9-76 所示。

图 9-76　木栅栏示意图

> **提示**
>
> 　　在"1+X"建筑信息模型（BIM）职业技能等级考试初级建模考试中，综合实操题中一般不会出现定制构件很多的情况，但是散水、室外台阶、坡道、雨篷等零星小构件经常会有。
>
> 　　内建模型的操作仅作为提高的内容，读者可以根据情况选择学习，或者在学习完模块 15 内容后再返回进行操作，更容易理解。

模块 10 结构建模——基础、柱、梁

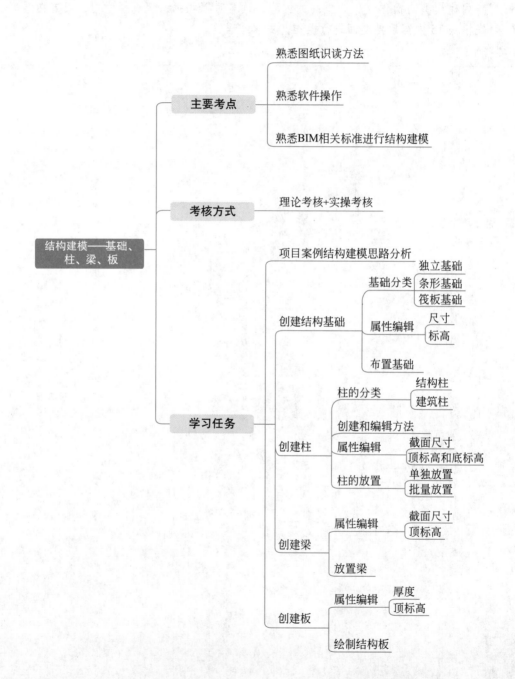

结构建模——基础、柱、梁、板

- 主要考点
  - 熟悉图纸识读方法
  - 熟悉软件操作
  - 熟悉BIM相关标准进行结构建模

- 考核方式
  - 理论考核+实操考核

- 学习任务
  - 项目案例结构建模思路分析
  - 创建结构基础
    - 基础分类
      - 独立基础
      - 条形基础
      - 筏板基础
    - 属性编辑
      - 尺寸
      - 标高
    - 布置基础
  - 创建柱
    - 柱的分类
      - 结构柱
      - 建筑柱
    - 创建和编辑方法
    - 属性编辑
      - 截面尺寸
      - 顶标高和底标高
    - 柱的放置
      - 单独放置
      - 批量放置
  - 创建梁
    - 属性编辑
      - 截面尺寸
      - 顶标高
    - 放置梁
  - 创建板
    - 属性编辑
      - 厚度
      - 顶标高
    - 绘制结构板

任务 10.1　结构基础

1. 基础类型

在 Revit 中根据不同的建筑形式提供了三种基础形式，独立基础、墙基础（条形基础）和板（基础底板），满足建筑不同类型的建筑基础形式，如图 10-1 所示。

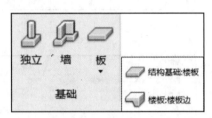

图 10-1　Revit 基础类型

其中，独立基础是将基础族载入并放置在项目中使用；墙基础就是条形基础，沿墙底部生成带状基础；板提供【结构基础：楼板　】和【楼板：楼板边　】两个工具，可以用于创建筏板基础。

2. 基础创建思路

基础属于可载入族，创建时首先要明确需要创建的基础类型，了解基础的形式、具体尺寸、材质和工艺要求，然后根据图纸放置基础。

3. 创建独立基础

项目实例

完成本项目案例小别墅基础的创建。

微课：结构基础的创建和编辑

【实操步骤】

（1）打开本书配套资源中工程文件"4.3 别墅-基准"文件，双击切换进入"基础底"楼层平面视图。

（2）单击【结构】选项卡→【基础】面板→【独立　】基础工具按钮，如图 10-2 所示，切换到【修改 | 放置 独立基础】上下文选项卡，进入独立基础放置界面。此时，会弹出一个提示框提示"项目中未载入机构基础族，是否要现在载入？"，单击【是】按钮，载入独立基础，路径为"C://ProgramData/Autodesk/RVT2018/Libraries/Libraries/China/ 结构 / 基础"，选择"独立基础-坡形截面"，单击【打开】，把所需基础族载入项目中。

（3）成功载入族到项目之后，根据项目要求创建和放置独立基础。本别墅项目案例中有 5 种不同尺寸规格的独立基础，需要逐一创建所需的基础类型，再进行放置。

在【属性】面板中单击【编辑类型　】按钮，以"复制"方式创建"J-1"，修

改【尺寸标注】参数值为 h1=h2=300，d1=d2=50，宽度＝长度=1600，Hc（柱长）＝
Bc（柱宽）=400，在【标识数据】参数中设置【类型标记】为 "JC-1"，完成独立
基础 "J-1" 的创建，如图 10-3 所示。

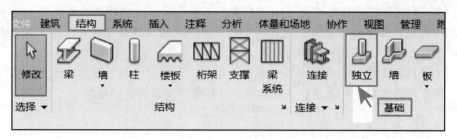

图 10-2 独立基础命令

图 10-3 基础 J-1 参数

（4）重复相同操作，使用复制的方式完成其他几个类型基础的创建。

① "J-2" 类型参数值为：h1=h2=300，d1=d2=50，宽度＝长度=2600，Hc=Bc=400，
【类型标记】为 "JC-2"。

② "J-3" 类型参数值为：h1=h2=300，d1=d2=50，宽度＝长度=2000，Hc=Bc=400，
【类型标记】为 "JC-3"。

③ "J-4" 类型参数值为：h1=h2=300，d1=d2=50，宽度＝长度=2200，Hc=500，
Bc=300，【类型标记】为 "JC-4"。

④ "J-5" 类型基础上有两种规格的柱子。

"J-5-400*400" 类型参数值为：h1=h2=300，d1=d2=50，宽度＝长度=3000，
Hc=Bc=400，【类型标记】为 "JC-5"。

"J-5-500*300" 类型参数值为：h1=h2=300，d1=d2=50，宽度=长度=3000，Hc=500，Bc=300，【类型标记】为"JC-5"。

（5）选择"J-1"，单击【属性】面板下【结构材质】参数后的"编辑⌸"按钮，进入【材质浏览器】，赋予基础材质为"C30"，如图10-4所示。

图 10-4　基础材质 C30

4. 放置独立基础

在项目中所有的基础类型创建完成之后，就可以根据图纸指示信息，进行独立基础的放置。如果项目中的基础类型较多，一定要注意按照规律的顺序逐个进行放置，避免发生错误，保证模型的精准度。

项目实例

完成本项目案例小别墅独立基础的放置。

【实操步骤】

（1）切换到"基础底"楼层平面，单击【结构】选项卡→【基础】面板→【独立🖱】基础按钮，在【属性】面板类型选择器中选择"J-1"，在1轴和A轴的相交处单击放置基础。

放置后发现，在当前视图中看不见放置的基础。切换到三维视图，发现基础已经放置，只是在平面视图中看不到，此时需要调整"视图范围"，让我们能够在平面视图中看见放置的基础，方便后面的操作。

（2）切换回"基础底"视图，确认【属性】面板为楼层平面，在【范围】参数栏中单击【视图范围】编辑按钮，弹出【视图范围】对话框，其中的【视图深度】是指从当前视图平面向下观察的距离，调整【视图深度】标高至"标高之下"，其他参数可以不用调整，单击【应用】，会发现在当前视图中已经可以看到放置的基础，此时单击【确定】按钮退出视图范围的调整，如图10-5所示。

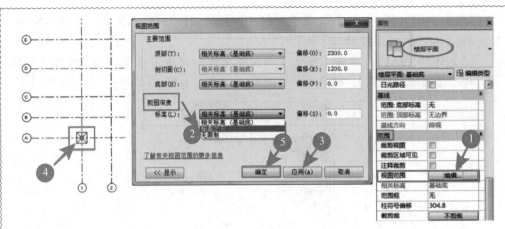

图 10-5　调整视图范围

> **小知识**
>
> "视图范围"在建模过程中用于调整在平面视图观察模型的效果，为了保证制图环境的清晰，有时需要暂时隐藏一些图元元素，或者有时为了制图方便需要拾取下一视图层线条的时候，这个功能非常有用。

（3）本项目别墅的基础并不在轴线的相交处，有两种方法调整放置，一种是通过先绘制参照平面，然后放置基础；另一种是先放置基础，再对放置尺寸进行调整。在实际中可以根据自己的习惯和偏好进行。案例中我们选择第二种方式，先放置后调整。

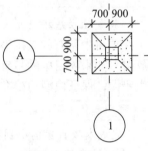

单击"J-1"，适当放大视图，调整临时尺寸以确定基础放置的位置，完成独立基础"J-1"的放置，如图 10-6 所示。用相同方法完成其他基础的放置（具体参数可参考任务 3.2 中图 3-10 独立基础平面图）。

图 10-6　放置 J-1

（4）切换到任意立面视图，按照图纸尺寸，独立基础底所在标高为 −1350，使用【过滤器】将所有基础选中，在【属性】面板【约束】条件中调整标高为"基础梁"，或者保持标高为"基础底"，调整【自标高的高度偏移】参数值设置为"600"，单击【应用】，保证基础底部标高为 −1350，如图 10-7 所示。

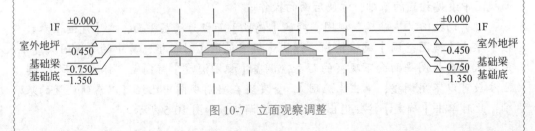

图 10-7　立面观察调整

任务 10.2　结构柱

1. 柱的类型

柱是建筑物中的重要结构件，在建筑当中，提及柱子，大部分人首先想到的是结构柱。结构柱作为结构体系中的垂直承重构件，在建筑工程中不仅承受竖向的压力，还有横向的拉力，并从上往下传递荷载。Revit 中提供了两种柱，结构柱和建筑柱，如图 10-8 所示。

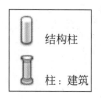

图 10-8　Revit 柱的类型

结构柱和建筑柱的操作基本一致，但是由于功能不同，因此在属性、连接方式等方面上会有差异，见表 10-1 结构柱和建筑柱差异对比表。

表 10-1　结构柱和建筑柱差异对比表

类型	功能	形式	属性	连接方式	绘制方式
结构柱	承重、支撑	垂直柱、斜柱	建模、分析、配筋	与结构对象连接，形成结构体系	可以批量添加
建筑柱	装饰、围护	垂直柱	建模	与建筑对象连接，并继承其主体（如建筑墙）的包络特性	只能逐一布置

2. 结构柱创建思路

柱属于可载入族，可以根据需要随时载入项目中使用。根据图纸信息创建项目所需的柱类型，再按照图纸指示放置柱。

3. 创建结构柱

无论是结构柱还是建筑柱，创建和放置都很类似。现代建筑中，单纯只作为装饰的建筑柱较少，在此主要介绍结构柱的创建。

> 提示
>
> 在"1+X"建筑信息模型（BIM）职业技能等级考试初级建模考试中，结构的考核主要是对结构柱进行考核，熟练掌握类型的创建方式，是提升建模速度的关键。

Revit 中创建结构柱的方法有三种，可根据个人习惯选择。

（1）单击【建筑】选项卡→【构建】面板→【柱 🮲】下拉箭头→【结构柱 🮲】工具按钮，如图 10-9 所示。

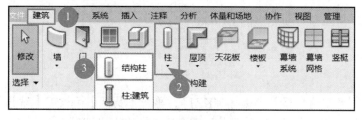

图 10-9　建筑选项卡结构柱工具

（2）单击【结构】选项卡→【结构】面板→【柱 ▯】工具按钮，如图 10-10 所示。

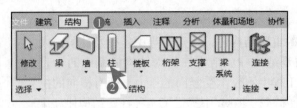

图 10-10 结构选项卡结构柱工具

（3）按键盘快捷键 CL，直接激活【结构柱】工具。

项目实例

完成本项目案例小别墅结构柱的创建。

【实操步骤】

（1）打开上一节保存的项目文件，或者直接打开本书配套资源中工程文件 "10.1 别墅－结构基础"文件，双击切换进入"基础梁"楼层平面视图。

（2）按快捷键 CL 激活"结构柱"，切换到【修改|放置 结构柱】上下文选项卡，进入结构柱放置界面。单击【模式】面板【载入族】工具，从资源库中调用"混凝土－矩形－柱"到项目中使用。

（3）在【属性】面板中单击【编辑类型 ▦】按钮，以"复制"的方式创建柱"KZ1"，在【尺寸标注】参数栏中，修改值为 b=h=400，在【标识数据】参数栏中设置【类型标记】为"KZ1"，如图 10-11 所示。

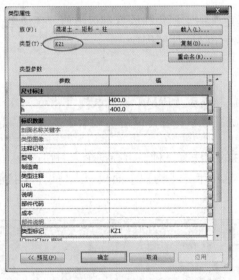

微课：柱的创建和编辑

图 10-11 结构柱 KZ1 参数

（4）在"类型选择器"中选择"KZ1"，单击【属性】面板下【结构材质】参数后的编辑按钮，进入【材质浏览器】，赋予柱的材质为"C30"。

（5）用相同的方法，完成"KZ2"至"KZ18"的创建，本项目柱类型有 18 个。

4. 放置结构柱

创建完所有的柱类型后，依据图纸指示，进行结构柱的放置，本案例中由于类型较多，所以采用逐个放置的方法，避免发生错误，保证模型的精准度。

如果实际项目中如果没有过多的结构柱类型，或者结构柱和轴线不发生偏移，也可以使用批量放置结构柱的方法加快建模速度。

项目实例

完成本项目案例小别墅结构柱的放置。

【实操步骤】

（1）切换到"基础梁"平面，（因为结构柱中心和基础中心重合，而从立面图中可以看出，基础顶的标高正好在"基础梁"标高位置，因此可以直接切换到"基础梁"标高层进行放置）。

（2）调整"视图范围"，让已经放置的基础能够在当前平面视图中观察到，方便操作。由于项目结构柱的中心和独立基础的中心重合，因此只需要捕捉到基础中心即可直接放置柱。

（3）按快捷键 CL，切换进入【修改 | 放置 结构柱】上下文选项卡，在【属性】面板"类型选择器"中选中"KZ1"类型，确认【放置】面板中是【垂直柱】形式，修改状态栏中生成方式为【高度】，在其后的框中单击下拉按钮，在下拉菜单中选择"2F"，表示此结构柱的底标高为"基础梁"，顶标高为"2F"，移动光标到 1 轴和 A 轴的相交处，单击独立基础中心放置结构柱，如图 10-12 所示。

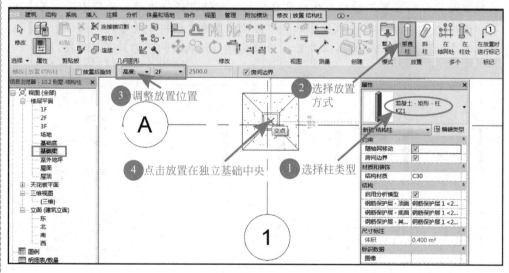

图 10-12 放置 KZ1 结构柱

（4）重复相同的操作方法，完成其他结构柱的放置。完成一层结构柱的放置后三维图如图 10-13 所示。

图 10-13 三维基础和一层结构柱

　　由于类型较多，如果之前没有逐一赋予材质，也可以完成放置后批量进行材质的赋予。切换到视图配合"过滤器"选中所有的结构柱，再打开"材质浏览器"选中所需材质即可将所有选中的柱的材质进行批量赋予。

　　（5）使用【剪贴板】功能快速完成二层结构柱的放置。选中所有结构柱后自动切换进入【修改|结构柱】选项卡，单击【剪贴板】面板→【复制 📋】工具→【粘贴 📋】下拉箭头→【与选定的标高对齐 📋】，在弹出的【选择标高】对话框中选中"2F"，单击【确定】按钮，选中的结构柱将被复制到 2F 标高层中。

　　（6）切换到 2F 视图，发现结构柱已经复制到该标高层，切换到立面视图，观察发现结构柱的位置不精确，此时需要根据实际情况进行调整。使用【过滤器】工具，选中 2F 所有柱，在【属性】面板中修改【约束】条件中的【顶部偏移】和【底部偏移】数值为 0，如图 10-14 所示，修改完毕后结构柱的下部与下层相接。

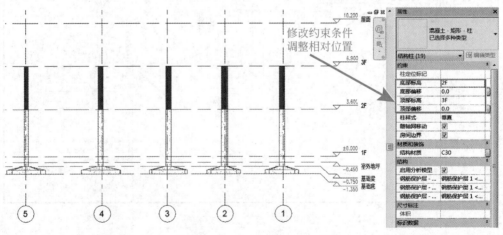

图 10-14 修改约束条件

　　（7）切换到 2F 楼层平面视图，使用【剪贴板】功能，快速完成三层结构柱的放置，如图 10-15 所示。

图 10-15 三层结构柱

> **小知识**
>
> 在实际项目操作或者考试题目中，在没有那么多类型的情况下，特别是结构柱中心和轴线相交处重合时，可以选择批量放置。

按快捷键 CL 进入【修改 | 放置 结构柱】上下文选项卡，选择【放置】面板中的【垂直柱⬚】类型，根据需要选择是否激活【标记】面板中的【在放置时标记】。单击【多个】面板中的【在轴网处】放置，如图 10-16 所示。

图 10-16 在轴网处放置柱

单击相交的两条轴线，Revit 将自动在轴线交接处放置结构柱，例如，需要在 1 轴和 A 轴相交处放置"KZ1"，单击 1 轴，再单击 A 轴，将会在两轴交点处出现将要放置的结构柱"KZ1"的预览，确认要放置后在【修改 | 放置 结构柱＞在轴网交点处】选项卡中单击【多个】面板中的【完成✔】按钮即可，如图 10-17 所示。

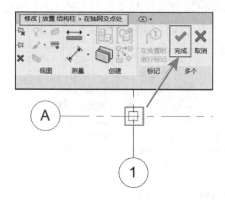

图 10-17 完成放置

同理，选中 A 轴，再框选所有其他轴线，将在所有轴线相交处放置结构柱，如图 10-18 所示。因此，在结构柱没有偏移的情况下，使用批量放置的方法会更高效。

任务 10.3　结构梁

1. 梁概述

梁是承受竖向荷载，以受弯为主的构件，一般水平放置，用来支撑板并承受板传来的各种竖向荷载和梁的自重，是建筑上部构架中最为重要的部分。依据梁的具体位置、详细形状、具体作用等的不同有不同的名称。在 Revit 中，梁是用于承重的结构图元，软件中提供了四种创建结构梁的方式，分别是梁、桁架、支撑和梁系统，如图 10-18 所示。

图 10-18　Revit 中的梁

其中，梁和支撑通过绘制路径生成梁图元，创建放置的方法和墙类似；桁架是通过放置桁架族，设置梁族类型属性，生成复杂的桁架图元；梁系统是在指定区域内按照指定距离通过阵列生成梁图元。

2. 梁创建思路

梁的创建和基础、结构柱相同，通过载入族的方法进行创建。梁的放置是通过绘制路径自动生成图元，在创建前，需要先对图纸进行观察和分析，清楚梁的具体信息，创建项目所需的梁类型，再按照图纸指示放置梁。

3. 创建梁

要创建梁，首先要定义项目中需要的梁类型。Revit 中创建梁的方法有两种。

（1）单击【结构】选项卡→【结构】面板→【梁 ✐】工具按钮，如图 10-19 所示。

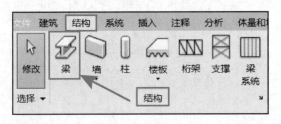

图 10-19　梁命令

（2）使用键盘快捷键 BM，直接激活功能。

项目实例

完成本项目案例小别墅梁的创建。

微课：梁的创建和
编辑

【实操步骤】

（1）打开上一节保存的项目文件，或者直接打开本书配套资源中工程文件"10.2别墅－结构柱"文件，双击切换进入"基础梁"楼层平面视图。

（2）按快捷键BM，切换到【修改|放置 梁】上下文选项卡，单击【模式】面板→【载入族】命令，从资源库中调用"混凝土－矩形梁"到项目中使用。

（3）在【属性】面板中单击【编辑类型 🖧】按钮，弹出【类型属性】对话框，单击【复制】，创建"DL1-250*400"，在【尺寸标注】参数栏中，修改值为b=250，h=400，在【标识数据】参数栏中设置【类型标记】为"DL1 250*400"，单击【确定】按钮，完成地梁"DL1 250*400"的创建，如图10-20所示。

图 10-20　DL1-250*400 参数

（4）在【属性】面板【结构材质】中赋予梁"C30"材质。

小知识

图元材质的赋予可以创建类型时进行，也可以在放置时修改，或者等所有的图元放置完毕后，全部选中再统一进行材质赋予。

（5）重复相同的操作步骤，以复制的方式完成其他类型梁的创建。

4. 放置梁

创建完类型后，依据图纸指示放置梁，在放置时注意按照一定的规律进行，避免发生错误，保证模型的精准度。

在实际项目中也可以一边创建类型，一边进行放置，操作的方法都是一致的，只是根据个人的习惯进行即可，并没有强制性的规定。

> **项目实例**
>
> 完成本项目案例小别墅梁的放置。
>
> 【实操步骤】
>
> （1）确定当前视图为"基础梁"楼层平面视图。
>
> （2）按快捷键 BM，切换进入【修改 | 放置 梁】上下文选项卡，在"类型选择器"中选择"DL1 250*400"，在【绘制】面板中选择【直线 ✎】工具，激活【在放置时进行标记①】工具，单击捕捉 1 轴和 A 轴相交位置上的结构柱面，将其作为梁的起点，沿轴线垂直向上移动光标至 1 轴和 D 轴相交位置上的结构柱面单击作为梁的终点，完成梁的绘制，Revit 将沿绘制路径自动生成梁图元，如图 10-21 所示。
>
>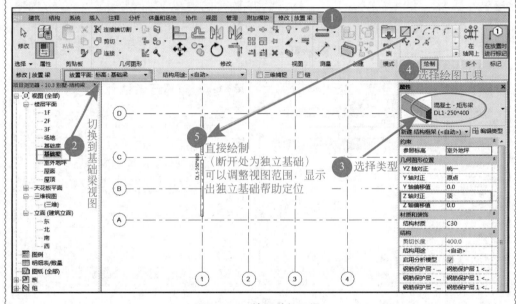
>
> 图 10-21　放置并标记梁
>
> （3）相同的方法绘制其他梁，梁的位置参见任务 3.2 项目任务中图 3-11~图 3-14。没有准确定位线的构件，可以采用参照平面的方式或者绘制完成后调整尺寸的方式完成梁的绘制。在绘制过程中可以使用"可见性"功能隐藏独立基础，方便绘制和调整梁的位置，以保证视图清晰。

5. 编辑梁

创建绘制完梁之后，可以对其细节进行进一步编辑和调整。前面绘制梁的时候已经讲过通过选中梁后，拖曳端点○【拖曳结构框架构件端点】灵活对梁调整，也可以使用复制的方式快速编辑，除此之外，针对本小别墅项目案例再说明一下其他的编辑方式。

通过分析图纸可知，梁边是与柱边对齐的，在绘制或者放置的时候并没有严格对齐，可以在后面进行调整。

项目实例

完成本项目案例小别墅梁的细节编辑。

【实操步骤】

1）调整梁位置

选中要编辑调整的梁，切换到【修改|结构框架】选项卡，单击【修改】面板中的【对齐 ▣】命令，调整梁的位置。

2）折梁的编辑

本项目较为特殊的是有折梁，这是项目建模的难点之一，可以通过调整梁的标高位置将直梁转换为折梁。折梁创建的思路是将直梁进行拆分，对拆分后的两段梁的起点和终点位置进行编辑，形成两端斜梁，斜梁相交在一起就构成折梁。

（1）切换到"屋面"楼层平面视图，选中要修改的梁，自动切换进入【修改|结构框架】上下文选项卡，在【修改】面板中单击【拆分图元 ▣】按钮，在选中的梁中部位置单击，梁图元即被拆分为 2 段，如图 10-22 所示。

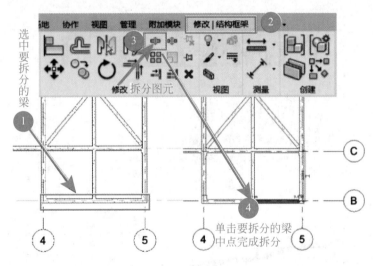

图 10-22　拆分图元

（2）选中左半边的梁，起点和终点会出现参数值，左侧参数保持"0.0mm"，调整右侧终点值为"1800mm"（起点标高在 10.200m，折梁顶标高在 12.000m，距离偏移了 1.8m，即 1800mm）；用同样的方法调整右半边的一段梁，将该梁的左端起点数值设为"1800mm"，保持右端参数值为"0.0mm"，如图 10-23 所示，完成后如图 10-24 所示。

（3）相同的原理编辑"LL14 200*300"，使用【拆分图元 ▣】先打断，而后编辑每一段的起点和终点参数，从下至上，第一段起点为"1800"，终点为"1800"；第二段起点为"1800"，终点为"2100"；第三段起点为"2100"，终点为"2100"，如图 10-25 所示。

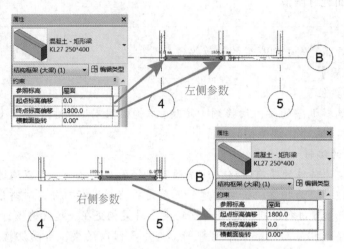

图 10-23　拆分梁修改参数

编辑修改为折梁

图 10-24　编辑为折梁

① 选择"拆分图元"工具

② 对梁参数进行调整

调整完后效果

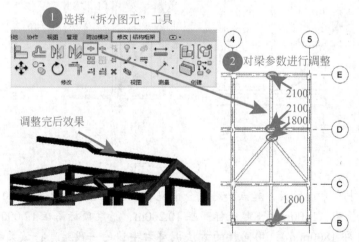

图 10-25　编辑垂直梁

（4）同理编辑 KL28、KL24、KL25 折梁。修改"KL28 250*400"左半段起点为"0"，终点为"1800"，右半段起点为"1800"，终点为"0"；修改"KL24 200*300"和"KL25 200*300"的起点为"0"，终点为"1800"，完成后如图 10-26 所示。使用同样的方法，完成其他梁的创建，如图 10-27 所示。

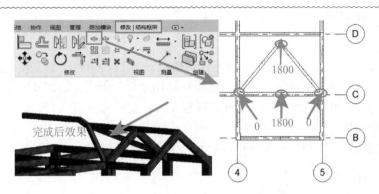

图 10-26　编辑 KL28、KL24、KL25

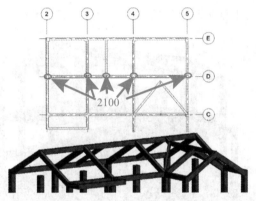

图 10-27　梁的编辑

（5）选中三层的柱，激活【修改 | 结构柱】上下文选项卡，单击【附着 】工具，单击要附着到的梁，将柱和梁连接到一起，如图 10-28 所示。

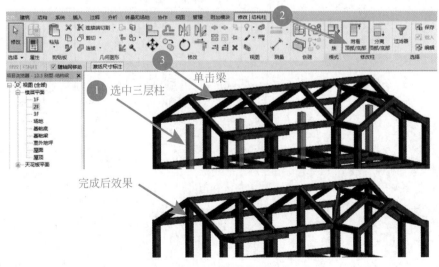

图 10-28　柱附着到梁

任务 10.4　结构板

1. 结构板概述

【楼板：建筑 ▱】工具主要用于创建建筑楼板，【楼板：结构 ▱】工具主要用于创建承受荷载并传递荷载的结构楼板，建筑楼板和结构楼板的创建、绘制方法是一致的，不同的是，结构楼板可以进行配筋，而建筑楼板不行。

2. 创建结构板

创建结构板的方式和建筑板一致，板的类型定义也相同。

项目实例

完成本项目案例小别墅的楼地层的创建。

【实操步骤】

参照本书"任务 7.1 楼板"中的项目实例操作。完成后如图 10-29 所示。

图 10-29　别墅结构

第三篇

BIM 基础应用

上一篇以小别墅案例为蓝本，完整讲解了模型创建的方法和技巧。BIM 作为综合应用的技术，除了建模外，在模型的基础上可以方便地进行各种应用，本篇主要讲解 Revit 的基础应用。

思政元素+重点知识技能点

思政元素

培养善于创新和善于总结的习惯:通过模型的创建，引导学生深刻理解国家创新驱动发展战略，培养学生善于创新和善于总结的习惯

强调合作精神和团队协作精神: 结合整个建模过程，强调合作精神和团队协作的重要性。培养学生善于沟通、乐于助人的精神

厚植诚信守信的价值观: 通过成果输出的对象，强调诚信的核心价值观，培养用户至上的服务精神

培养自我管理的能力和对职业生涯规划的能力: 通过实际操作过程中的讲授和学生的自主练习，培养锻炼学生自我管理的能力和对职业生涯规划的能力

培养一丝不苟、精益求精的"工匠精神": 通过模型创建的操作，在学习知识和技术的过程中，培养学生一丝不苟、精益求精的"工匠精神"，引导学生用自己的实力去支撑，一定要学好技术，才能实现真正的精益求精

重点知识技能点

创建和编辑注释、标记

创建和编辑明细表

图纸创建和管理

视图渲染和漫游动画

模块 11 基础应用——注释

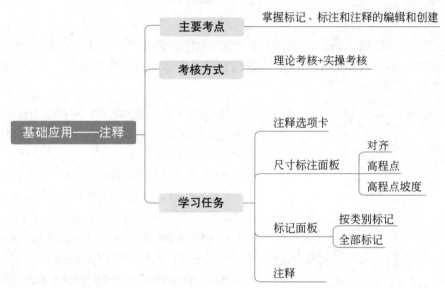

- 主要考点 ——— 掌握标记、标注和注释的编辑和创建
- 考核方式 ——— 理论考核+实操考核
- 基础应用——注释
  - 学习任务
    - 注释选项卡
    - 尺寸标注面板
      - 对齐
      - 高程点
      - 高程点坡度
    - 标记面板
      - 按类别标记
      - 全部标记
    - 注释

任务 11.1 尺寸标注

> **提示**
>
> 在"1+X"建筑信息模型（BIM）职业技能等级考试初级建模考试中，实操题没有专门针对注释进行考核，但是会在综合考题中有，在本书中针对常用的集中注释应用进行介绍，读者可根据需要选择性学习。

1. 注释应用

设计最终的成果要用于施工，而施工中需要有各种注释说明具体的尺寸及其他信息，保证施工的正常进行。

在 Revit 中有专门用于进行注释的各种工具，均在【注释】选项卡中，如图 11-1 所示。

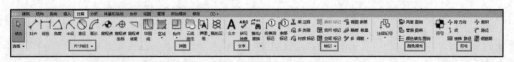

图 11-1　注释选项卡

在【注释】选项卡下有多个面板，用于不同的注释应用，包括【尺寸标注】【详图】【文字】【标记】【颜色填充】和【符号】，根据需要选择合适的工具应用，以达到相应的目的。

2. 尺寸标注

尺寸标注是项目中用于显示尺寸的视图专有图元，也是注释应用中最常用的标注之一，包括临时尺寸标注和永久尺寸标注。

1）临时尺寸标注

（1）创建临时尺寸标注。创建、放置或者选择图元时，Revit 会自动在构件周围显示临时尺寸，帮助进行构件位置的精准定位。放置构件时会显示蓝色的临时尺寸标注，再放置另一个构件时，将跳转至当前构件的临时尺寸，前面的临时尺寸标注将不再显示。

（2）查看和调整临时尺寸标注。选中某一构件时，将出现该构件的临时尺寸，临时尺寸以蓝色表示，选择尺寸数值可以进行修改，也可以直接拖曳尺寸界线拖曳点调整尺寸。

2）永久尺寸标注

（1）创建永久尺寸标注。为精确为构件定位，可以创建永久性尺寸标注来定义特定的尺寸和距离。【尺寸标注】工具可以为项目构件或者族构件放置永久性尺寸标注。

【注释】选项卡【尺寸标注】面板中提供了6种不同类型的尺寸标注，用于标注不同类型的尺寸线，包括【对齐↗】【线性⊢】【角度△】【半径↖】【直径◎】【弧长⌒】。

单击合适的尺寸标注工具，单击操作完成永久尺寸标注（参看任务 4.3 轴网中尺寸标注部分具体操作步骤）。

（2）临时尺寸标注转换为永久性尺寸标注。单击临时尺寸标注下方的【转换尺寸标注⊢】符号，如图 11-2 表示。

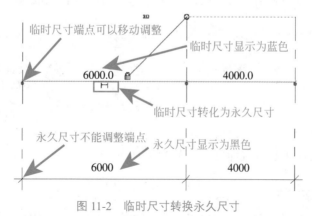

图 11-2   临时尺寸转换永久尺寸

3. 高程点

高程点说明和表示当前楼层的标高室内外高差或者同一平面图纸中不同标高的位置。

1）创建高程点

单击【注释】选项卡→【尺寸标注】面板→【高程点 ✎】命令，转入【修改 | 放置尺寸标注】上下文选项卡，在【属性】面板"类型选择器"中选择要放置高程的类型，在【修改 | 放置 尺寸标注 选项栏】中勾选或不勾选"引线"，【显示高程】参数选择"实际（选定）高程"，也可以根据需要选择不同的显示类型，如图 11-3 所示。

图 11-3　高程点引线效果对比

2）放置高程点

选项栏中不勾选"引线"，不勾选"水平段"，单击确定高程点测量位置，上下移动鼠标调整高程点方向，再次单击放置即可，如图 11-4 所示。

图 11-4　不带引线高程点放置步骤

选项栏中勾选"引线"，不勾选"水平段"，单击确定高程点测量位置，移动鼠标调整高程点的引线方向和引线的长短，调整合适后再次单击完成放置，如图 11-5 所示。

图 11-5　带引线不带水平段高程点放置步骤

选项栏中勾选"引线"，勾选"水平段"，单击高程点测量位置，上下移动鼠标调整高程点方向，再次单击放置即可，如图 11-6 所示。

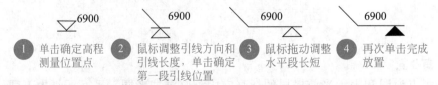

图 11-6　带引线带水平段高程点放置步骤

3）调整高程点

放置完毕后的高程点如果需要重新调整位置，选中高程点标注，移动拖曳点，调整文字、引线、水平段的位置，或者使用【移动 ✛】命令调整高程点标注的位置，如图 11-7 所示。

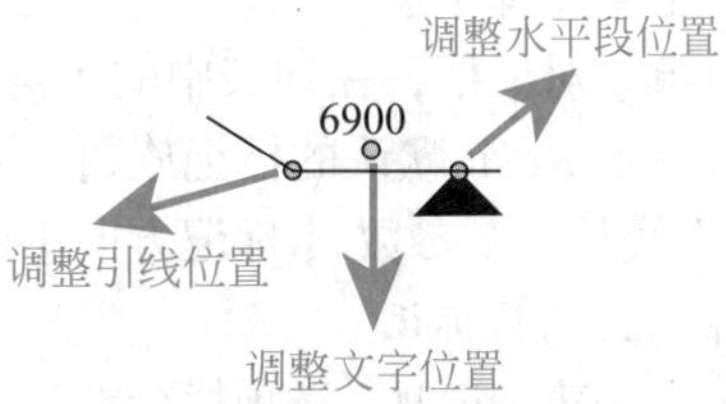

图 11-7　调整高程点

4.高程点坡度

要表示建筑中的排水、坡度等信息，需要通过【高程点坡度 ◹】标注工具来表达。

1）创建坡度

单击【注释】选项卡→【尺寸标注】面板→【高程点坡度 ◹】命令，转入【修改 | 放置 尺寸标注】上下文选项卡，在【属性】面板"类型选择器"中选择要放置的坡度类型，单位格式选择"百分比"。高程点坡度类型属性的设置与其他注释相似。

2）放置坡度

光标放置到需要放置坡度注释的位置，Revit 会自动根据板的坡度计算出坡度值，移动光标调整放置位置，单击完成高程点坡度的放置，如图 11-8 所示。

图 11-8　坡度放置

任务 11.2　标记

标记是识别图元的专用注释。每一个类别都有一个标记，有的会自动载入，有的则需要手动载入。可以在族编辑器中创建所需的标记。

1.创建标记

创建标记的方法在"模块 6 门窗"中已经使用案例进行过详细说明。在此归纳如下。

1）自动标记

在使用门、窗、梁、房间等工具时，在对应的【修改 |**】上下文选项卡中，激活【标记】面板中的【在放置时进行标记 ⓘ功能】，Revit 将在放置图元时进行自动标记。

2）手动标记

通过在【注释】选项卡【标记】面板中的标记工具进行手动标记。

（1）按类别标记。【按类别标记 ⓘ】工具通过逐一单击拾取要标记的图元，逐一对图元创建标记注释。在【注释】选项卡→【标记】面板→【按类别标记 ⓘ】切换到添加标记的模式中进行逐一标记。

（2）全部标记。【全部标记⑩】工具通过批量对某一类或者某几类的图元创建标记。单击【注释】选项卡→【标记】面板→【全部标记⑩】工具，打开【标记所有未标记的对象】对话框，在列表中的【类别】中选择要标记的类别；在【载入的标记】中显示的参数是 Revit 默认的标记族；【引线】功能决定标记是否需要引线，如果勾选，可以修改"引线长度"参数；【标记方向】确定标记方向是"水平"或者"垂直"。

2. 编辑标记

创建标记时，选项栏会默认放置方向为"水平"，启用"引线"功能，如图 11-9 所示。

图 11-9　标记选项栏

1）编辑标记方向

标记放置的原则是清晰美观，有时候需要根据构件的位置调整标记的方向，选中需要调整的标记，单击选项栏中"方向▣"参数的下拉箭头，选择"水平"或"垂直"，确定标记的放置方向。

2）编辑标记引线

标记默认启用"引线"功能，标记引线可以选择两种方式：附着端点和自由端点。

（1）附着端点：创建时自动捕捉引线起点，放置标记后只能拖曳标记位置，起点不能调整。

（2）自由端点：创建时手动确定引线的起点、折点、终点位置，放置标记后能拖曳调整。

（3）删除引线：选中带有引线的标记，取消勾选"引线"功能，可以删除标记中的引线。

模块 12　基础应用——明细表

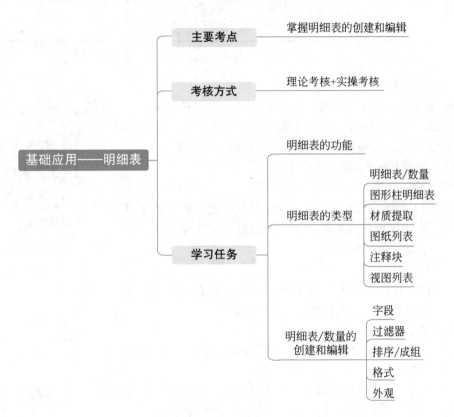

任务 12.1　明细表概述

> **提示**
>
> 在"1+X"建筑信息模型（BIM）职业技能等级考试初级建模考试中，实操题有专门对明细表进行的考核，需要熟练掌握。

1. 明细表应用

明细表在 Revit 中主要应用在工程量的统计方面。Revit 中的明细表以表格的形式显示项目中相应图元构件的信息，通过明细表的创建有助于项目数据库的构件，提升工程管理的水平。明细表可以在项目的任何阶段创建，由于表中的信息是从项目的图元构件中提取的，因此，对项目的修改会联动到明细表，明细表会自动根据修改更新表中的信息。创建出的明细表可以添加进图纸中，也可以直接导出传递信息。

Revit 中的明细表创建通过【视图】选项卡→【创建】面板→【明细表▦】工具创建，如图 12-1 所示。

图 12-1　视图选项卡明细表

2. 明细表类型

Revit 中的明细表可以用于快速分析工程量，对成本费用进行核算，还能够通过变更及时进行跟踪管理，这是 BIM 技术准确性、同步性的特点。根据统计模型图元的数量、材质、列表等，分为六种不同的类型，如图 12-2 所示。

1）明细表 / 数量

【明细表 / 数量▦】是用于针对建筑构件按照类别创建的明细表，在表中反应各构件的类型、数量、尺寸等信息。例如门、窗、墙等构件明细表。

2）图形柱明细表

【图形柱明细表▦】是用于项目中结构柱统计的图形明细表，根据结构柱的标识添加信息到明细表中。

图 12-2　明细表类型

3）材质提取

【材质提取▦】是用于显示组成构件所赋予的材质的详细信息。

4）图纸列表

【图纸列表▦】是用于统计项目中的图纸的明细表，列出项目中所有的图纸的信息，可以看作是项目图纸的索引，可以作为施工图文档的目录。

5）注释块

【注释块▦】并不常用，主要是用于项目中同一类注释的统计。

6）视图列表

【视图列表▦】是用于统计项目中所有视图的明细表，可以按照类型、标高等参数对视图进行分组和排序。

> **提示**
>
> 在"1+X"建筑信息模型（BIM）职业技能等级考试初级建模考试中，对明细表的考核主要是考核门、窗的明细表，因此以门窗明细表为例进行详细讲解。

任务 12.2　门明细表

1. 创建明细表

门、窗明细表属于建筑构件，使用【明细表/数量🗒】工具进行统计。通过【视图】选项卡→【创建】面板→【明细表🗒】下拉菜单→【明细表/数量🗒】工具创建明细表，并根据要求编辑调整。

项目实例

完成本项目案例小别墅门明细表的创建，门明细表要求包含：类型标记、宽度、高度、标高、合计字段。

【实操步骤】

（1）打开小别墅项目文件。

（2）单击【视图】选项卡→【创建】面板→【明细表🗒】下拉菜单→【明细表/数量🗒】工具，弹出【新建明细表】对话框，在"类别"列表中浏览选中构件"门"，明细表名称将自动变为"门明细表"，单击【确定】按钮，如图 12-3 所示。

（3）在新弹出的【明细表属性】对话框中，进行明细表字

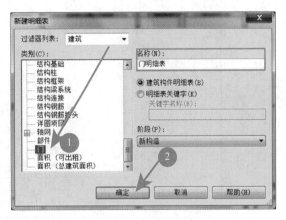

图 12-3　新建明细表

段的选择，如图 12-4 所示，"明细表属性"左侧是"可用的字段"，右侧是"明细表字段"，根据要求拖动浏览条，配合键盘【Ctrl】键选中"类型标记""宽度""高度""标高""合计"字段，单击【添加参数🔲】按钮，将明细表所需字段添加进门明细表中。

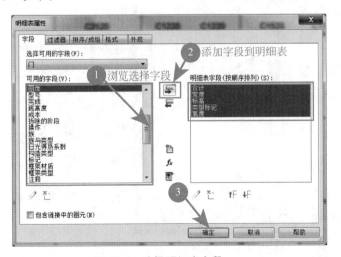

微课：明细表的创建

图 12-4　选择明细表字段

（4）单击【确定】按钮后，Revit 自动生成门明细表，如图 12-5 所示。

<门明细表>				
A	B	C	D	E
合计	宽度	标高	类型标记	高度
1	1425	1F	25	2325
1	1450	1F	25	2325
1	1450	1F	25	2025
1	1450	2F	25	2025
1	1450	3F	25	2025
1	800	1F	M0821	2100
1	800	1F	M0821	2100
1	900	1F	M0921	2100
1	900	1F	M0921	2100
1	1500	1F	M1527	2700
1	800	2F	M0821	2100
1	900	2F	M0921	2100
1	800	2F	M0821	2100
1	900	2F	M0921	2100
1	800	2F	M0821	2100
1	900	2F	M0921	2100
1	900	2F	M0921	2100
1	1800	2F	TLM1827	2700
1	1800	2F	TLM1827	2700
1	1200	3F	TLM1221	2100
1	1200	3F	M1221	2100
1	800	3F	M0821	2100

图 12-5　门明细表

2. 编辑明细表

生成的明细表可以根据需要，在【属性】面板中打开【明细表属性】对话框进行字段的调整和数据信息的筛选，如图 12-6 所示。

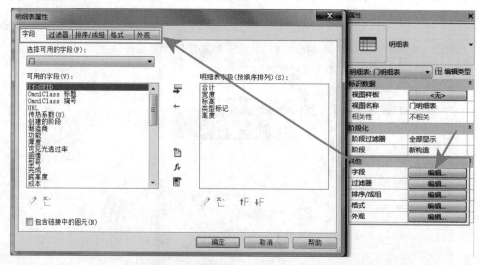

图 12-6　明细表属性面板及明细表属性

1）字段

【字段】选项卡用于调整明细表中的字段信息，选中左侧"可用的字段"后单击【添加参数 ▣】按钮，将明细表所需字段添加进明细表中，选中右侧"明细表字段"后单击【移除参数 ▣】按钮，删除明细表不需要字段。

在"明细表字段"中选择字段，配合下方【上移参数▐】或者【下移参数▐】按钮，调整明细表中字段的先后排序，如图 12-7 所示。

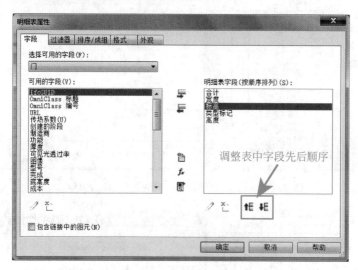

图 12-7　明细表属性字段选项卡

2）过滤器

【过滤器】选项卡中可以创建限制明细表中数据的过滤器，明细表中文字、编号、长度、标高等参数均可设置为过滤条件。如图 12-8 所示，如果将过滤条件设置为"标高等于 1F"，则明细表将只显示 1F 标高层的门类型。

明细表属性				
字段 过滤器 排序/成组 格式 外观				
过滤条件(F)：标高		等于		1F

<门明细表>

A	B	C	D	E
合计	宽度	标高	类型标记	高度
1	1425	1F	25	2325
1	1450	1F	25	2325
1	1450	1F	25	2025
1	800	1F	M0821	2100
1	800	1F	M0821	2100
1	900	1F	M0921	2100
1	900	1F	M0921	2100
1	1500	1F	M1527	2700

图 12-8　明细表属性过滤器选项卡

3）排序 / 成组

【排序 / 成组】选项卡用于指定明细表中行的排序，可以按照排序方式进行排序，明细表中会体现门类型，并按照类型拼音的字母排序，对话框底部可以选择使用"总计"或"逐项列举每个实例"选项，还可以根据需要添加页眉、页脚，如图 12-9～图 12-11 所示。

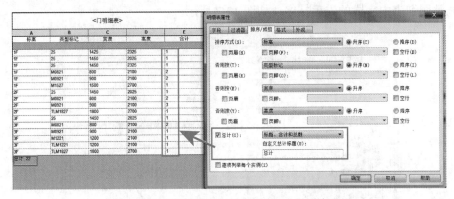

图 12-9　明细表属性排序 / 成组选项卡总计选项

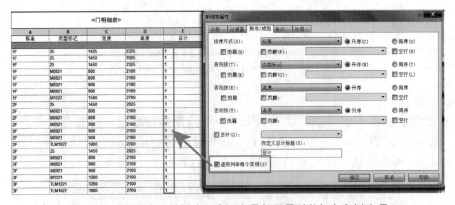

图 12-10　明细表属性排序 / 成组选项卡逐项列举每个实例选项

图 12-11　明细表属性排序 / 成组选项卡添加页眉页脚

4）格式

【格式】选项卡用于设置字段及列的格式。

5）外观

【外观】选项卡用于调整网格线及轮廓线条样式，也可以用于设置文字样式。

3. 查看明细表

新建的明细表可以在【项目浏览器】面板的"明细表／数量"中进行查看和编辑，如图 12-12 所示。

图 12-12　查看明细表

任务 12.3　窗明细表

项目实例

完成本项目案例小别墅窗明细表的创建，窗明细表要求包含：类型标记、宽度、高度、底高度、标高、合计字段，并计算总数。

【实操步骤】

（1）打开小别墅项目文件。

（2）单击【视图】选项卡→【创建】面板→【明细表▦】下拉菜单→【明细表／数量▦】工具，弹出【新建明细表】对话框，在"类别"列表中浏览选中构件"窗"，单击【确定】按钮，打开【明细表属性】对话框。

（3）在【明细表属性】对话框中，进行明细表字段的选择，根据要求选中字段"类型标记""宽度""高度""底高度""标高""合计"字段，单击【添加参数▭】按钮，将明细表所需字段添加进窗明细表中，配合"明细表字段"列表下方【上移参数⬆】或者【下移参数⬇】按钮，调整明细表中字段的先后排序，单击【确定】按钮，完成"窗明细表"，如图 12-13 所示。

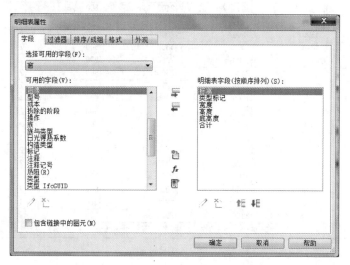

图 12-13　窗明细表字段选择及调整

（4）单击【属性】面板【排序/成组】后的编辑按钮，在【明细表属性】对话框【排序/成组】选项卡中按照需要进行排序，在对话框下方取消勾选"逐项列举每个实例"，勾选"总计"，选择总计后"标题、合计和总数"选项，单击【确定】按钮，如图 12-14 所示。

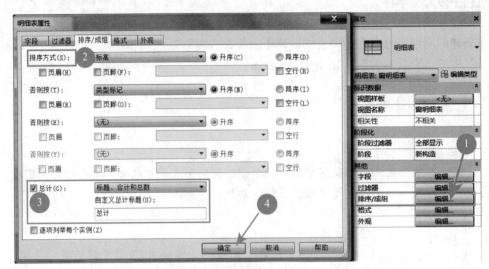

图 12-14　窗明细表排序及总计

（5）完成窗明细表的创建和编辑，如图 12-15 所示。

<窗明细表>					
A	B	C	D	E	F
标高	类型标记	宽度	高度	底高度	合计
1F	20				8
1F	C0921	900	2100	600	2
1F	C1220	1200	2000		3
1F	C1520	1500	2000	900	2
1F	C1818	1800	1800	900	2
1F	C2120	2100	2000	900	1
1F	C2424	2400	2400	900	2
2F	20	1025	1725		2
2F	C1220	1200	2000	900	4
2F	C1520	1500	2000	900	2
2F	C1818	1800	1800	900	2
2F	C2120	2100	2000	900	1
2F	C2424	2400	2400	900	2
3F	20	1025	1725		2
3F	C1220	1200	2000	900	5
3F	C1520	1500	2000	900	2
3F	C1818	1800	1800	900	1
3F	C2120	2100	2000	900	2
总计: 45					

图 12-15　完成窗明细表

模块 13 基础应用——图纸

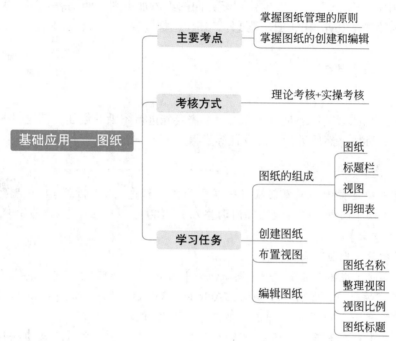

任务 13.1 图纸概述

1. Revit 中的图纸应用

建筑图纸是表达设计思想的技术文件，是技术交流和建筑施工的依据。制图需要按照国家统一的规范用二维图纸的方式清晰准确地表现。Revit 中提供了方便的图纸创建功能，可以直接使用图纸功能创建图纸，并可以根据需要向图纸中添加图形和明细表等信息。

Revit 中的图纸通过【视图】选项卡→【图纸组合】面板→【图纸 】工具创建，如图 13-1 所示。

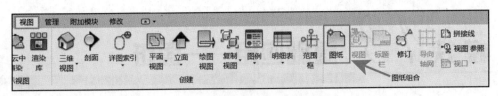

图 13-1　视图选项卡明细表

2. Revit 图纸的组成

Revit 中使用图纸工具可以创建图纸并向图纸添加视图、明细表、注释等信息完成所需图纸的编辑。Revit 中图纸除图纸外，还包括标题栏、视图、明细表。

任务 13.2　创建图纸

1. 创建图纸

无论是导出图纸文件还是打印图纸，都需要先进行图纸的创建，创建图纸首先要布置图纸、设置标题，然后进行信息设置等步骤。

┌───┐

项目实例

创建本项目案例小别墅门项目一层平面图，创建 A3 公制图纸，插入一层平面图，并将视图比例调整为 1：100。

微课：图纸的创建

【实操步骤】

（1）打开小别墅项目文件。

（2）单击【视图】选项卡→【图纸组合】面板→【图纸 】工具，单击【载入】，根据项目需要，在"C://ProgramData/Autodesk/RVT2018/Libraries/Libraries/China/ 标题栏"中，选择"A3 公制"图纸，单击【打开】，载入项目。

（3）在【新建图纸】对话框，选中"A3 公制"图纸，单击【确定】按钮，创建"A103- 未命名"图纸，新建的空白图纸在【项目浏览器】中的"图纸（全部）"子项中，图纸名称默认为"未命名"，如图 13-2 所示。

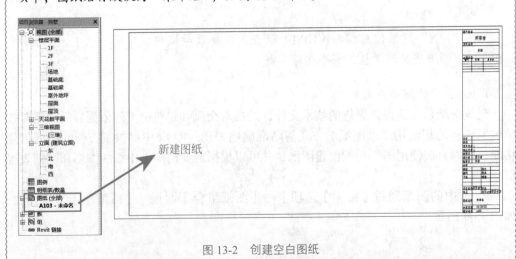

图 13-2　创建空白图纸

└───┘

2. 布置视图

创建新的空白图纸后，可以将已有的视图放置在创建的图纸当中。

项目实例

创建本项目案例小别墅门项目一层平面图，插入一层平面图。

【实操步骤】

（1）接上一步骤，单击【视图】选项卡→【图纸组合】面板→【视图📷】工具，弹出【视图】对话框，选择要布置的视图"楼层平面：1F"，单击【在图纸中添加视图】，如图 13-3 所示。

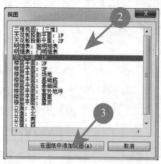

图 13-3　插入项目视图

（2）或者直接将【项目浏览器中】的"楼层平面：1F"拖动放置到新创建的空白图纸中，将光标放置到图纸空白区域，单击放置该视图即可完成放置，如图 13-4 所示。

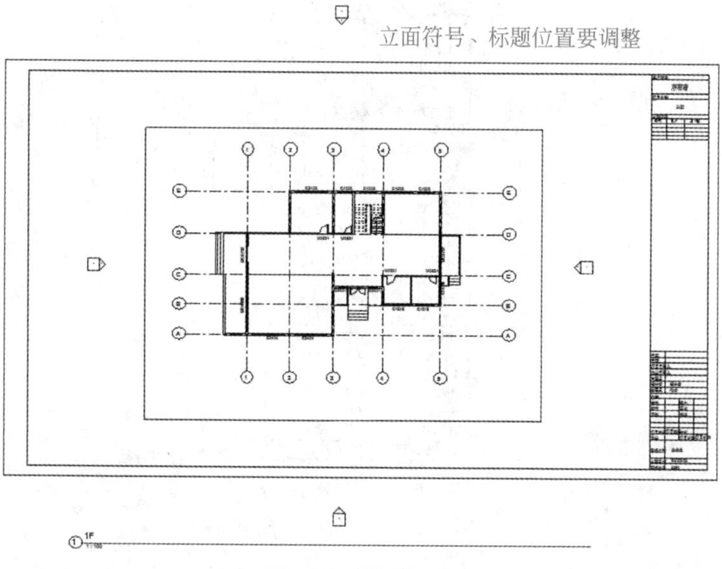

立面符号、标题位置要调整

图 13-4　放置视图

3. 编辑图纸

楼层平面视图放置到新建图纸后，需要在图纸中进行编辑，从而得到合理的图纸布局和相应图纸信息。

项目实例

创建本项目案例小别墅门项目一层平面图，插入一层平面图，并将视图比例调整为 1：100。

【实操步骤】

1）编辑图纸名称

右击【项目浏览器】中的图纸名称，在右键菜单中选择【重命名】，在弹出的【图纸标题】对话框中根据需要进行编辑，如图 13-5 所示。

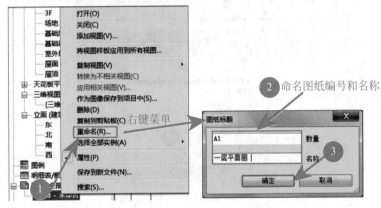

图 13-5　重命名图纸名称

也可以在图纸【属性】面板当中根据信息进行编辑，如图 13-6 所示。

图 13-6　图纸属性面板

2）复制整理视图

　　为使得视图添加到图纸中显示的清晰、明确、合理，需要对视图进行复制和整理。选中"楼层平面：1F"视图，右击打开右键菜单，单击【复制视图】，选中【带细节复制】，如图 13-7 所示。

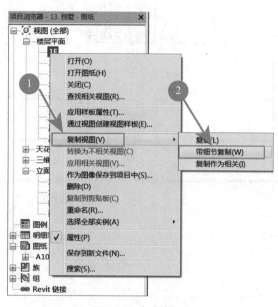

图 13-7　复制视图

　　重命名复制的新视图为"一层平面图"，如图 13-8 所示。

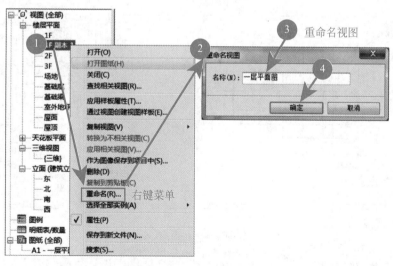

图 13-8　重命名新视图

　　在楼层平面【属性】面板中，调整"一层平面图"的图形可见性，将立面符号进行隐藏，将"室外地坪"删除，完成视图的整理，如图 13-9 所示。

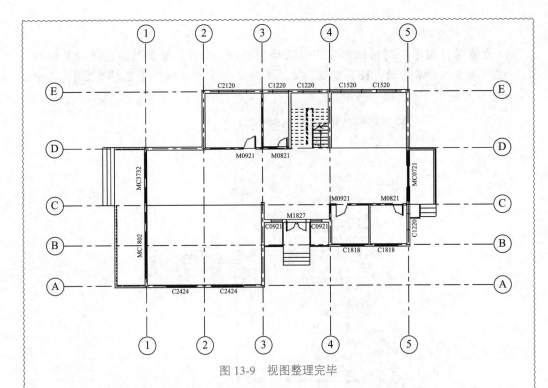

图 13-9　视图整理完毕

3）调整视图比例

将"一层平面图"插入图纸，选中插入图纸中的视图，在【属性】面板中单击【视图比例】下拉箭头，选中合适的视图比例，如图 13-10 所示。

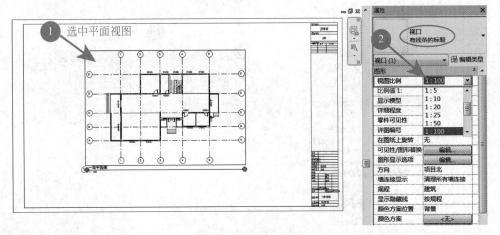

图 13-10　调整视图比例

4）调整图纸标题

选中图纸名称，打开【类型属性】对话框，取消"显示延伸线"，使用鼠标移动图纸名称到合适的位置，完成布图，如图 13-11 所示。

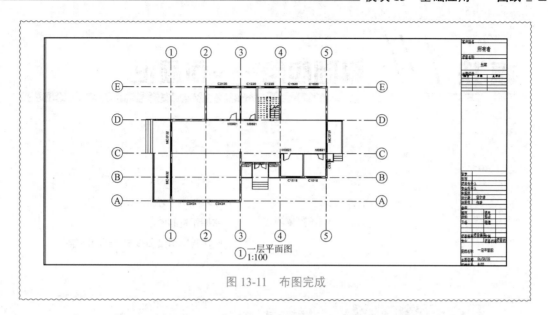

图 13-11　布图完成

模块 14 基础应用——可视化

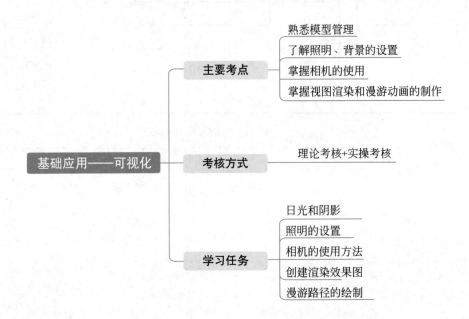

基础应用——可视化

- 主要考点
  - 熟悉模型管理
  - 了解照明、背景的设置
  - 掌握相机的使用
  - 掌握视图渲染和漫游动画的制作

- 考核方式
  - 理论考核+实操考核

- 学习任务
  - 日光和阴影
  - 照明的设置
  - 相机的使用方法
  - 创建渲染效果图
  - 漫游路径的绘制

任务 14.1 日光及阴影

1. 项目位置

Revit 最大的特点就是可视化，软件可以对三维模型进行展示和表现。通过对日光进行相应的分析，可以为项目作出优化。

单击【管理】选项卡→【项目位置】面板→【地点 ⊕ 】，在弹出的【位置、气候和场地】对话框中可以设置项目具体所在的位置。

2. 阴影效果

建筑模型中的阴影效果与太阳方位密切相关，切换到三维视图，通过【视图选项栏】中的【打开阴影 ⊖ 】按钮和【关闭阴影 ⊗ 】按钮可以观察三维模型的阴影效果，如图 14-1 所示。

关闭/打开阴影

1 : 100

图 14-1　关闭 / 打开阴影效果

3. 日光研究

阴影的位置和太阳的位置相关，Revit 中默认的阴影效果是太阳在某个时刻照射后的效果，通过【视图选项栏】中的【打开日光路径 ☼】按钮和【关闭日光路径 ☀】按钮，可以观察太阳的轨迹效果，如图 14-2 所示。

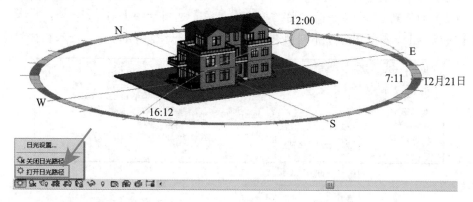

图 14-2　关闭／打开日光路径

太阳轨迹的设置可以通过【视图选项栏】中的【日光设置】完成，单击【日光设置】打开【日光设置】对话框，根据需要选择不同的时间点，以确定太阳的位置，影响阴影的效果，如图 14-3 所示。

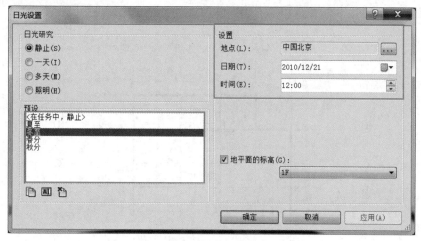

图 14-3　日光设置

任务 14.2　视图渲染

1. 创建相机视图

Revit 中的相机工具，既可以用于创建静态的相机视图，也可以通过特定的相机视图创建漫游路径，生成动态的三维动画。

相机视图可以在平面图、立面图、三维视图当中创建，位置可以灵活调整。

项目实例

对项目案例小别墅三维模型进行渲染，设置相机。

【实操步骤】

（1）打开小别墅项目文件。

（2）切换到 1F 楼层平面视图，单击【视图】选项卡→【创
建】面板→【三维视图 】下列列表→【相机 】，如图 14-4 所示，进入相机创建。

微课：相机视图
创建和调整

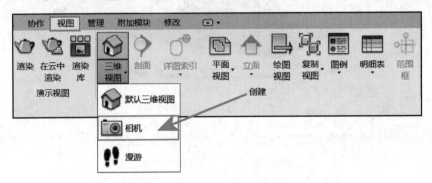

图 14-4　创建相机

（3）第一次单击放置相机，拖动鼠标调整相机的视角和位置，第二次单击完成
放置，如图 14-5 所示，拖曳视图中的"相机位置""目标位置""远剪裁框"可以调
整位置。

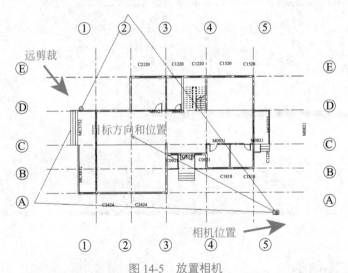

图 14-5　放置相机

Revit 将自动生成三维相机视图，并会自动切换到新创建的相机视图中，可以通
过拖动视图范围边框上的调整点调整相机视图，或者在【属性】面板调整【视点高
度】和【目标高度】，完成相机视图的调整，如图 14-6 所示。

图 14-6　调整相机视图

> **小知识**
>
> 　　"远剪裁框"控制相机视图深度，离目标越远，场景中对象越多；离目标越近，场景中对象越少。

2. 渲染设置

1）渲染面板

（1）方法一：通过【视图】选项卡→【演示视图】面板→【渲染 】工具，如图 14-7 所示。

（2）方法二：通过【视图选项栏】→【显示渲染对话框 】工具打开，如图 14-8 所示。

（3）方法三：通过快捷键 RR 打开渲染对话框。

图 14-7　演示视图渲染工具

图 14-8　视图选项栏显示渲染对话框工具

2）渲染参数

在渲染三维视图前，在渲染对话框中可以对渲染质量、渲染背景、图纸输出的分辨率、照明方案等进行设置，如图 14-9 所示。一般情况下，选择系统默认设置渲染视图即可。

（1）质量：用于设置渲染质量，设置下拉菜单中可以选择"绘图""中""高""最佳""自定义（视图专用）"等。

（2）输出设置：用于设置出图的质量，分辨率可以选择"屏幕"或者"打印机"，如果选择"打印机"，DPI 越高质量越好。图像尺寸或者分辨率越高，生产渲染图像时所需要的时间就越长。

（3）照明：照明方案可以选择"仅日光""仅人造光"和"日光和人造光"，用于"室内"或者"室外"的视图渲染。日光设置和视图选项栏中的日光设置功能一致。

（4）背景：用于调整渲染出的图形文件的背景，可以选择使用系统设置的天空和云背景、指定的颜色背景、指定的自定义图像背景等不同的背景，满足需要。

（5）图像：用于调整渲染图像的曝光值、高亮、阴影、饱和度、白点的参数，对细节调整，使效果图更加精细化。

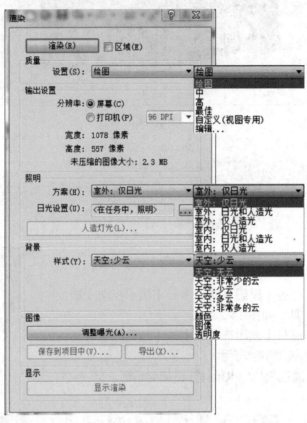

图 14-9　渲染对话框

项目实例

　　对项目案例小别墅三维模型进行渲染，质量设置为中，设置背景为"天空：少云"，照明方案设置为"室外：日光及人造光"，其他设置不做要求。渲染结果存储为"别墅渲染.JPG"文件。

微课：视图渲染

【实操步骤】

（1）切换到"三维视图1"相机视图。

（2）按快捷键RR打开渲染对话框，调整【质量】设置为"中"；调整【照明】，单击【方案】下拉菜单，选择"室外：日光及人造光"；调整【背景】，在【样式】下拉菜单中选择"天空：少云"，完成要求的设置，如图14-10所示。

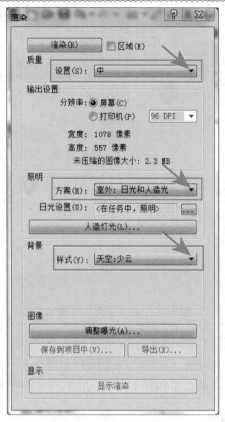

图 14-10　渲染设置

> **提示**
>
> 　　在"1+X"建筑信息模型（BIM）职业技能等级考试初级建模考试中，有专门对模型渲染的考察，掌握渲染的关键信息，可以灵活展现三维模型的效果。建议除按照题目要求选择设置外，其他均使用默认设置即可。

　　3. 视图渲染和保存

　　1）视图渲染

　　完成渲染设置后，单击【渲染】按钮或者按快捷键 R，对视图进行渲染，进行渲染时会弹出【渲染进度】对话框，可以观察渲染的进度，默认渲染完毕后关闭。

　　2）保存图像

　　（1）保存到项目中。完成渲染后，可以将三维模型的渲染结果保存到项目中。单击【渲染】对话框中【保存到项目中】按钮，在弹出的【保存到项目中】对话框中命名渲染图名称，渲染结果将在"项目浏览器"中保存，如图 14-11 所示。

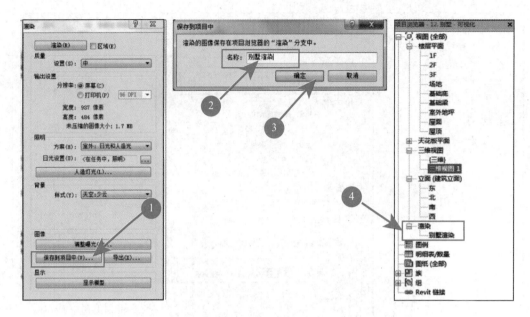

图 14-11　将图像保存在项目中

（2）导出图像。完成的渲染结果，也可以导出到文件，存储于项目之外。单击【渲染】对话框中【导出】按钮，在弹出的【保存图像】对话框中指定文件存储路径，指定文件名称及文件类型，单击【保存】按钮，完成图像的导出，如图 14-12 所示。

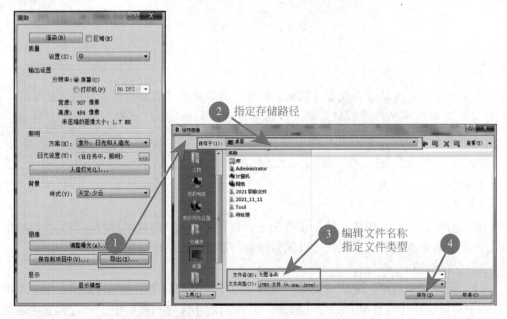

图 14-12　导出图像

项目实例

对项目案例小别墅三维模型进行渲染，渲染结果存储为"别墅渲染.jpg"文件。

【实操步骤】

（1）单击渲染对话框中【渲染】按钮或者快捷键 R，对视图进行渲染。

（2）渲染完毕后对话框关闭，显示渲染结果，如图 14-13 所示。

图 14-13　渲染效果

（3）单击渲染对话框中【导出】按钮，在弹出的【保存图像】对话框中指定文件存储路径，按照要求输入文件名称为"别墅渲染"，选择文件类型为"JPEG 文件（*jpg，jpeg）"，单击【保存】按钮，完成图像的导出。

任务 14.3　漫游动画（选学）

提示

在"1+X"建筑信息模型（BIM）职业技能等级考试初级建模考试中，对可视化应用的考察主要是视图的渲染，漫游动画作为动态渲染，可以作为选学内容。

1. 创建漫游路径

漫游是由一系列的相机视图组合创建的视图集合，漫游路径就是这一系列视图的行走路径，Revit 创建漫游需要先创建漫游路径，然后再通过编辑路径上的相机视角和位置形成相机路径，最后生成漫游。

项目实例

创建本项目案例小别墅的漫游动画。

【实操步骤】

（1）打开小别墅项目文件。

（2）切换到 1F 楼层平面视图，单击【视图】选项卡→【创

微课：漫游动画

建】面板→【三维视图 📦】下拉列表→【漫游 👣】，进入相机创建，如图 14-14 所示。

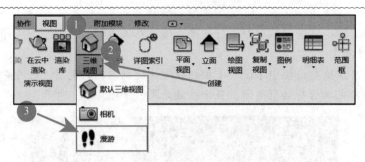

图 14-14　创建漫游路径

（3）移动光标在视图中相应的位置沿需要的方向依次单击放置关键帧，每单击一次放置一个关键帧，完成漫游路径的创建，如图 14-15 所示。

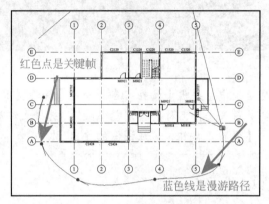

图 14-15　绘制漫游路径

（4）完成漫游路径的创建后，可以在【项目浏览器】中观察和重命名该漫游视图，双击该视图，将打开漫游视图，显示漫游终点的视图样式，如图 14-16 所示。

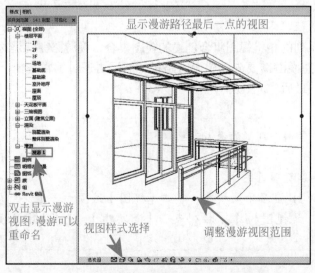

图 14-16　漫游视图显示

2. 编辑漫游

完成漫游路径创建后，可以随时预览效果，也可以重新编辑路径和调整相机的视角方向，以达到满意的漫游效果。

1）漫游视图剪裁

（1）拖曳调整。切换到漫游视图，单击漫游视图边界，拖曳边界线上的控制点调整视图边界范围，如图 14-17 所示。

选择边界，拖曳调整点调整视图尺寸大小

图 14-17　拖曳调整视图边界大小

（2）尺寸剪裁。切换到漫游视图，单击漫游视图边界，单击【修改 | 相机】上下文选项卡→【裁剪】面板→【尺寸剪裁 ⬚】工具，在【裁剪区域尺寸】中输入尺寸，可以调整视图尺寸大小，如图 14-18 所示。

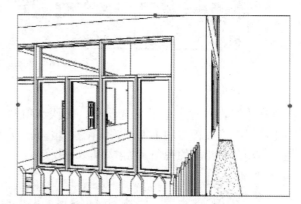

图 14-18　尺寸剪裁调整视图边界大小

2）漫游视图预览

预览可以发现路径或者相机视觉等问题，方便编辑操作。单击漫游视图边界，单击【修改 | 相机】上下文选项卡→【漫游】面板→【编辑漫游 👣】工具，切换到【编辑漫游】上下文选项卡，激活【漫游】面板中的【播放 ▷】按钮，如图 14-19 所示，要注意帧数的选择，如图共 300 帧，数值栏中是从 67.8 帧开始播放，如果要从头开始，将帧数文本框中参数值设置为 1。

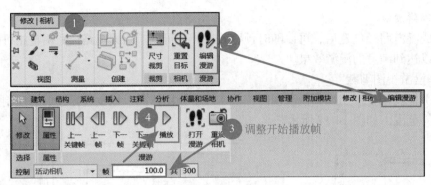

图 14-19　漫游预览

3）编辑相机视角

在【编辑漫游】上下文选项卡，确认选项栏中【控制】参数选择为【活动相机】，单击【漫游】面板中的【上一关键帧⑭】【下一关键帧⑭】【上一帧⑭】【下一帧⑭】按钮，手动调整相机的视角，如图 14-20 所示。

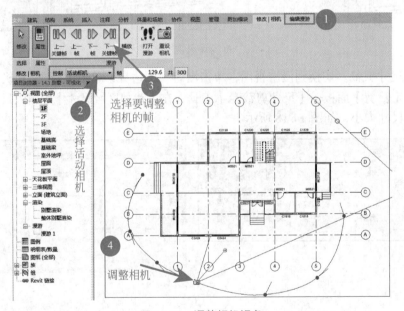

图 14-20　调整相机视角

除了可以编辑相机视角，也可以根据需要添加或者删除关键帧以达到相机路径的精确设置，添加或者删除关键帧需要切换到平面视图，选项栏中【控制】参数调整为【添加关键帧】或者选中要删除的关键帧后【删除关键帧】，如图 14-21 所示。

4）编辑漫游路径

在【编辑漫游】上下文选项卡，修改选项栏中【控制】参数选择为【路径】，平面视图中显示的蓝色点为控制点，鼠标拖曳控制点到指点位置即可修改和调整漫游路径，如图 14-22 所示。

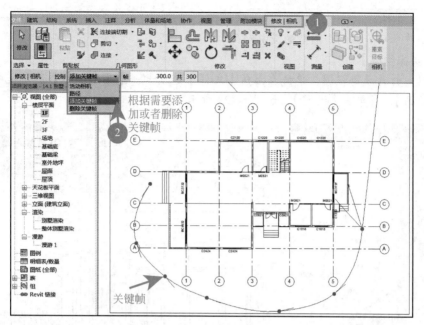

图 14-21　添加删除关键帧

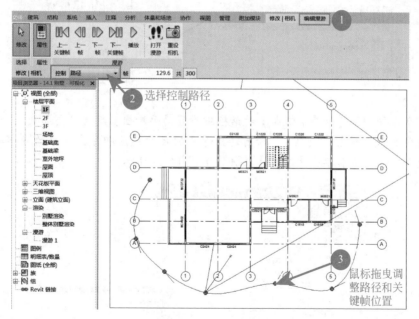

图 14-22　调整修改漫游路径

3. 导出漫游

漫游编辑完成后，可以把漫游导出为图像文件或者 AVI 文件。

项目实例

创建本项目案例小别墅的漫游动画。

【实操步骤】

（1）打开漫游视图，单击左上角【文件】选项卡→【导出】→右侧列表中【图像和动画】，再单击【漫游】，如图 14-23 所示。

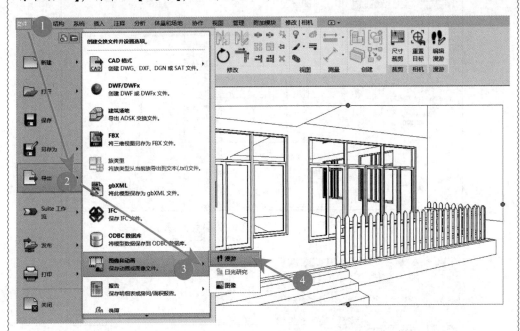

图 14-23　导出漫游

（2）在弹出的【长度/格式】对话框中设置动画输出长度为"全部帧"，格式栏中"视觉样式"选择"真实"，输出动画导出的尺寸标注即导出动画的分辨率，根据需要调整，完成后单击【确定】按钮，如图 14-24 所示。

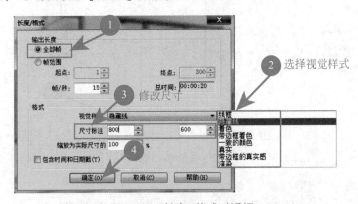

图 14-24　长度/格式对话框

（3）在弹出的【导出漫游】对话框中，指定文件的存储路径、文件名称和文件类型，单击【保存】按钮，如图 14-25 所示。

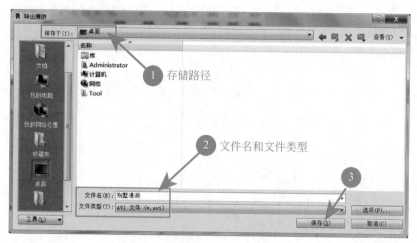

图 14-25　导出漫游对话框

（4）继续弹出【视频压缩】对话框，选择合适的视频压缩格式，单击【确定】按钮，完成漫游动画的导出，如图 14-26 所示。

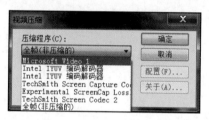

图 14-26　视频压缩对话框

第四篇

BIM 定制化建模

建筑信息模型 BIM 技术最大的特点就是参数化，根据需求通过不同的参数对模型进行定制化。本篇将在基础建模的基础上，对族和概念体量及基础操作进行讲解，以提升读者建模的技术。

思政元素

培养爱岗敬业的职业精神和爱国热情：结合概念体量的创建，通过"中央电视台大楼""苏州东方之门""鸟巢""北京 SOHO"等现代异型标志性建筑，培养学生爱岗敬业的职业精神和爱国热情

锻炼耐心、执着、坚持的专注精神：在实际操作中真正了解专业、了解行业、了解自己和社会，提高学生学习热情，培养"干一行，爱一行，有技能，肯奉献"的优秀人才，培养执着专注的工匠精神

培养追求卓越的创造精神的"工匠精神"：结合参数化族的创建，营造"技能宝贵、创造伟大"的氛围，培育学生追求卓越的工匠精神

培养人文素养和美学素养：通过对知名建筑的了解，培养学生的美学素养，通过建筑背后的故事，了解匠人应有的人文素质

思政元素+重点知识技能点

重点知识技能点

简单参数化构件的创建

构件参数设置与挑战

概念体量的创建

概念体量的基本应用

模块 15 定制化建模——参数化族

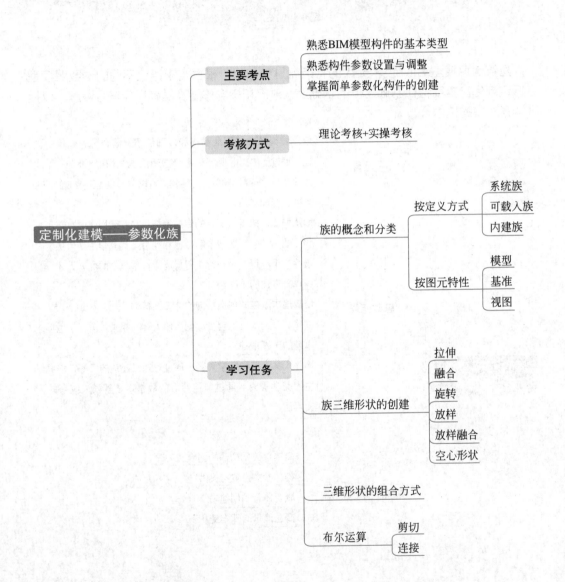

主要考点
- 熟悉BIM模型构件的基本类型
- 熟悉构件参数设置与调整
- 掌握简单参数化构件的创建

考核方式
- 理论考核+实操考核

定制化建模——参数化族

学习任务

族的概念和分类
- 按定义方式
  - 系统族
  - 可载入族
  - 内建族
- 按图元特性
  - 模型
  - 基准
  - 视图

族三维形状的创建
- 拉伸
- 融合
- 旋转
- 放样
- 放样融合
- 空心形状

三维形状的组合方式

布尔运算
- 剪切
- 连接

任务 15.1 Revit 族基础知识

族（family）是 Revit 中非常重要的概念，Revit 中的所有图元都是基于族的。建筑信息模型的参数化在族上体现得最为明显，每一个族都包含了诸多的参数和信息，例如类型、尺寸、材质、外形及其他的参数值，这有助于更高效的对数据进行管理和修改。

　　由于 Revit 的族具有很强的开放性和灵活性，因此在使用时，既可以方便地从丰富的族库中调用所需的族，也可以根据自己的需要自定义参数化族，实现建筑模型的参数化设计。

　　1. 族的概念

　　从概念上讲，Revit 族是一个包含通用属性（称作参数）集和相关图形表示的图元组。比如族：基本墙，既包含表达墙体的三维图形，也包括结构、材质、底部约束、顶部约束等支撑图形表达的内在属性。从项目构成上讲，族是组成项目的构件，Revit 项目是基于构件（墙、门、窗、楼板、楼梯、基础以及详图、注释和标题栏等）拼装而成。

　　综上所述，族是构建三维模型的"砖瓦"，是承载建筑信息的"基石"。Revit 自带丰富的族库，满足常规建模所需，同时支持新建族功能，可以根据实际需要自定义参数化构件。

　　2. 族的分类

　　常见的族主要按定义和图元类别两种方式进行分类。

　　1）按定义方式分类

微课：族的概念和分类

　　（1）系统族：是样板所带基础构件，具有较高保护等级，不允许被误操作，即自身不可以被创建、复制、修改或删除，只能在项目中创建和修改的族类型，例如墙、楼板、天花板等。

　　（2）可载入族：在项目外创建的 .rfa 文件，通过族库载入项目中使用。在前面的内容中，载入的都属于可载入族，可载入族是在初级建模阶段运用最多的一种类型，在安装软件的同时会自动安装族库。可载入族可以通过【修改】选项卡→【编辑族】进行二次编辑。

　　（3）内建族：根据当前项目的实际要求，只在当前项目使用的独特图元，是族的一个灵活补充。新建内建族时，通过【建筑】选项卡→【构建】面板→【构件🗔】下拉菜单→【内建模型🗋】创建，创建流程与可载入族类似（内建族的实例操作可以参考 9.6 栅栏）。需要修改内建族时，通过【在位编辑】工具进行，用户在当前项目中对族进行编辑。

　　三类族的特性和示例如表 15-1 所示。

表 15-1　族类别及特点

族类别	概念要点	特性说明	示　例
系统族	样板自带，不能新建	不能作为外部文件载入，可在项目及样板间传递	墙、楼板、楼梯、尺寸标注等
可载入族	基于族样板创建的扩展名为 RFA 的文件	通过构件库载入	门、窗、柱、基础
内建族	在当前项目中创建	仅限当前项目使用，不能单独存成 RFA 文件，不能用于其他项目文件中	当前项目特有的异形构件

2）按图元特性分类

（1）模型类：主要是指三维构件族，例如常见的结构柱、门窗、楼梯等。

（2）基准类：主要是指用于定位的图元，包括标高、轴网、参照线等。

（3）视图类：是指在特定视图使用的一些二维图元，例如文字注释、尺寸标注、详图线、填充图案等。

3. 族参数

族参数包括几何参数、材质参数、其他参数等。几何参数主要用于控制构件的几何尺寸，一般包括长度、半径、角度等，几何参数可通过尺寸标签添加或通过函数公式计算。材质参数可对族赋予不同的材质。其他参数包括公共、结构、电气、管道、能量等。族参数的创建、添加和修改在【参数属性】中进行，如图 15-1 所示。

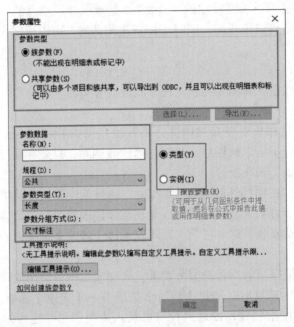

图 15-1　参数属性

（1）【参数类型】是定义一个参数使用的范围。【族参数】仅本族内使用,【共享参数】是与多个族和项目一起共享使用。一般情况下默认选择【族参数】。

（2）在【参数数据】中设置其他参数数据,【名称】处输入新建族参数名称,【规程】设置族参数所属规程,【参数类型】决定了参数的特性，使用时需要根据实际情况选择,【参数分组方式】设置族参数分组方式。

（3）类型和实例是指设置新建族参数为类型参数还是实例参数。实例参数显示在属性列表中，实例参数的修改只会影响当前实例。类型参数需要通过属性栏的【编辑类型】进入类型属性对话框进行编辑，且类型属性一旦被修改，所有族实例都会发生变化。

4. 工作平面

工作平面是一个用作视图或绘制图元起始位置的虚拟二维表面，例如平面视图与标高相关联、立面视图与垂直工作平面相关联。大多数工作平面是自动设置的，但执行某些绘图操作以及在特殊视图中启用某些工具，如在三维视图中启用"选择"和"镜像"时，需手动设置工作平面。

单击【创建】选项卡→【工作平面】面板→【设置 ▦】按钮，打开【工作平面】对话框，如图 15-2 所示。

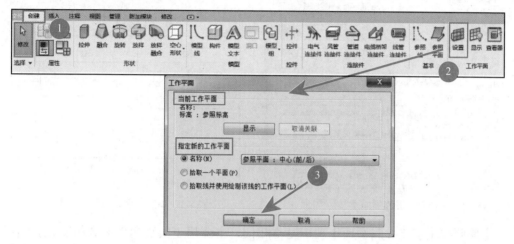

图 15-2 工作平面

指定新的工作平面的方法包括【名称】【拾取一个平面】【拾取线并使用绘制该线的工作平面】。

（1）【名称】是直接按照工作平面的名称进行选择，将其设定为工作平面，包括被命名过的参照平面、曾经设置过的工作平面以及项目中的标高等。

（2）【拾取一个平面】是通过拾取的方式设置工作平面，可以拾取的对象有标高、参照平面、二维视图中模型的某条边、三维视图中模型的某个面等。

（3）【拾取线并使用绘制该线的工作平面】是通过拾取线设置工作平面，此时工作平面取决于当初绘制被拾取的那条线时所设置的工作平面。

由于工作平面是默认隐藏的，单击【创建】选项卡→【工作平面】面板→【显示】按钮，可隐藏或显示工作平面。

5. 参照平面和参照线

族的创建过程中，【参照平面】和【参照线】用途最为广泛，是绘图的重要工具。

大多数族样板，已默认设置三个参照平面，分别为 X、Y、Z 平面，如"公制常规模型"族样板中心创建了中心（前 / 后）、中心（左 / 右）、与参照标高重合的三个参照平面，其交点是坐标原点（0，0，0）。这三个参照平面默认为锁定状态，不能被删除。【拉伸】命令中，【拉伸起点】为参照标高，默认值为 0。

参照平面可以设置为工作平面。当默认的一些视图不能满足建模需求时，可以新建参照平面作为工作平面。参照平面可以单击命名，如图 15-3 所示，方便工作平面设置时，按【名称】指定新的工作平面，也可以直接拾取绘制的参照平面作为工作平面。

创建族的过程中，需要创建族参数、参照平面、图形，其中参照平面是参数和图形的媒介，参数需要与参照平面进行关联，而形体也需要与参照平面关联，一般使用对齐命令，并锁定，如图 15-4 所示，例如为拉伸体的封闭轮廓，其参数 L 是使用对齐尺寸标准与参照平面关联，而图形通过对齐命令与两侧参照平面对齐并锁定。

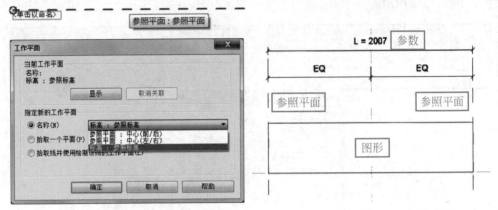

图 15-3　工作平面之参照平面　　　　图 15-4　参照平面、图形和参数

【参照线】与【参照平面】功能基本相同，主要用于实现角度参数的变化。绘制参照线，将其端点锁定在参照平面上，进行角度注释，就可以对实体进行角度参数变化。

任务 15.2　Revit 族的创建

提示

　　在"1+X"建筑信息模型（BIM）职业技能等级考试初级建模考试中，可载入族是最常使用的族，考试时对族的考察通过两个方面完成，一是创建三维形状的模型；二是通过在综合建模中考察对族的灵活使用。本模块侧重讲解三维族的创建。

"族"的创建需要使用"族编辑器"进行，利用"族编辑器"可以创建新的族，也可以对现有的族进行编辑和修改。

1. 族三维形状创建

Revit 提供五种创建实心、空心形状的方式，分别为拉伸、融合、旋转、放样、放样融合，配合这五种基本工具可创建出复杂的族类型，如图 15-5 所示。

图 15-5　族的创建工具

微课：三维族创建
工具

1）拉伸

拉伸可以基于平面内的闭合轮廓沿垂直于该平面方向创建几何形状，确定几何形状的要素包括基准平面、拉伸轮廓、拉伸起点、拉伸终点。因此，【拉伸】，工具适用于创建两端形状相同的三维形状模型。

项目实例

基于"公制常规模型"族样板，以圆柱体（半径 100mm，高度 300mm）为例，创建三维形状。

【操作步骤】

（1）单击【文件】选项卡→【新建】列表→【族】，弹出【新族 - 选择样板文件】对话框，选择库中"公制常规模型"族样板，单击【打开】按钮，进入族编辑界面，如图 15-6 所示。

图 15-6　新建族

（2）切换至"参照标高"平面，单击【创建】选项卡→【形状】面板→【拉伸▢】按钮，切换到【修改 | 创建拉伸】选项卡，如图 15-7 所示。

（3）在【修改 | 创建 拉伸】选项卡【绘制】面板中选择适当的工具绘制截面草图，此案例选择【圆形◎】命令，以两条参照平面的交点为圆心，绘制半径为 100 的圆，在选项栏中调整【深度】参数为 300（深度表示拉伸的长度，即拉伸体的高度），如图 15-8

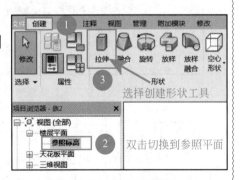

图 15-7　拉伸命令

所示，或调整【属性】面板【约束】条件中的【拉伸终点】为 300，如图 15-9 所示，完成后，单击【模式】面板中【完成编辑模式 ✔】按钮，完成的拉伸体创建，如图 15-10 所示。

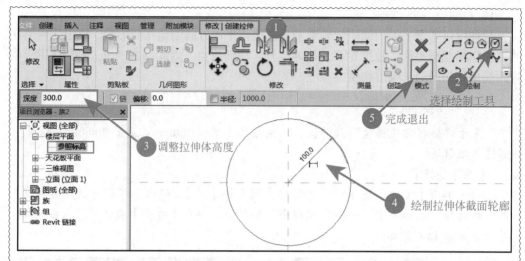

图 15-8 创建拉伸轮廓

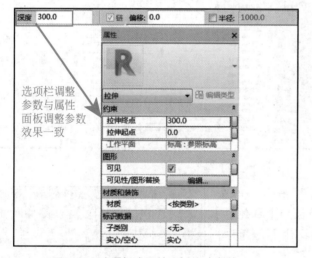

图 15-9 选项栏或属性面板修改参数

图 15-10 完成拉伸体创建

小知识

　　拉伸命令的第一步是将视图调整到"参照标高"，Revit 是三维建模软件，拉伸命令需要首先绘制二维轮廓，二维轮廓绘制到三维空间的哪一个面，是需要明确的问题。因此，拉伸深度设置时，在属性栏里面，约束条件包括拉伸起点、拉伸终点。上述操作只修改了拉伸终点，起点值默认为 0。因此，在进行拉伸时要注意原点。

2）融合

融合是将两个平行平面上不同形状的端面进行融合建模，融合的要素包括平行且不在同一平面的两个封闭轮廓。因此【融合】工具适用于创建两端形状不相同的三维形状模型，也可以用于创建两端形状相同的三维形状模型。

> 项目实例

基于"公制常规模型"族样板，以底部圆半径500、顶部圆半径250，底面距顶面高度1000截圆柱体为例，创建三维形状。

【实操步骤】

（1）单击【文件】选项卡→【新建】
列表中→【族】，弹出【新族－选择样板
文件】对话框，选择库中"公制常规模型"
族样板，单击【打开】按钮。

（2）将视图切换至"参照标高"平面，
单击【创建】选项卡→【形状】面板→
【融合 🔷】工具按钮，如图15-11所示，切
换到【修改 | 创建融合底部边界】选项卡。

（3）在【修改 | 创建 融合底部边界】
选项卡的【绘制】面板中选择适当的工具
绘制融合几何体的截面草图。此案例选择

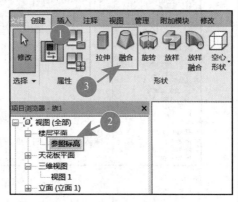

图 15-11　融合命令

【圆形 ⊙】命令，以两条参照平面的交点为圆心，绘制一个半径为500的圆作为几
何形状底部界面草图，完成后单击【模式】面板【编辑顶部 🔼】按钮，如图15-12
所示。

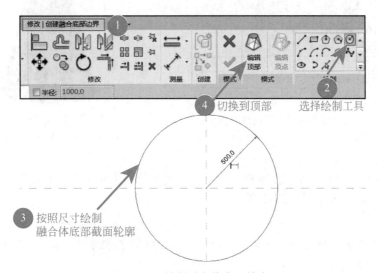

图 15-12　绘制融合体底面轮廓

（4）切换到顶部截面，选择【修改 | 创建 融合顶部边界】选项卡→【绘制】面
板→【圆形 ⊙】命令，以两条参照平面的交点为圆心，绘制半径为250的圆，绘
制几何形状顶部形状草图，设置选项栏参数【深度】为1000，如图15-13所示。

或者调整【属性】面板【约束】条件中的【第二端点】为1000，如图15-14所示。完成后单击【模式】面板【完成编辑模式 ✔】按钮，完成融合体的创建，如图15-15所示。

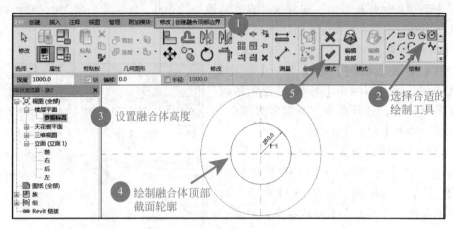

图 15-13　融合顶面轮廓

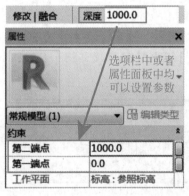

图 15-14　选项栏或属性面板参数

图 15-15　融合体创建

3）旋转

旋转的要素主要包括旋转轴和旋转边界，通过使用【旋转】工具可以使闭合轮廓绕旋转轴旋转一定角度生成三维模型。

项目实例

基于"公制常规模型"族样板，以半径为500的半球为例，创建三维形状。

【实操步骤】

（1）打开"公制常规模型"族样板。

（2）切换至"参照标高"，单击【创建】选项卡→【形状】面板→【旋转 】按钮，如图15-16所示，切换到【修改|创建旋转】选项卡。

（3）在【修改｜创建 旋转】选项卡→【绘制】面板中→【边界线】绘制旋转体截面的轮廓。此案例选择【绘制】面板中的【圆心－端点弧】命令绘制半径为500的半弧形状，然后用【线】命令连接弧的起点和终点，形成一个闭合的半圆形状，如图 15-17 所示。

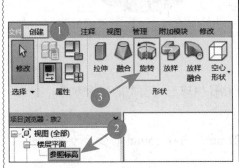

图 15-16　旋转命令

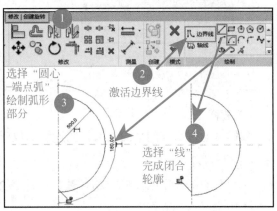

图 15-17　绘制旋转体的截面轮廓

（4）单击【修改｜创建 旋转】选项卡→【绘制】面板→【轴线】工具，选择【拾取线】命令，单击拾取垂直方向的参照平面作为旋转轴线（也可以直接使用【线】工具绘制旋转轴），如图 15-18 所示。

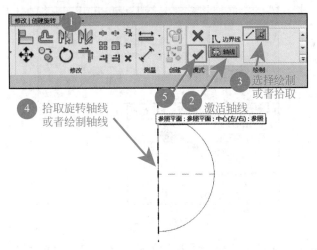

图 15-18　拾取旋转轴线

（5）在【属性】面板中设置旋转起始点角度和终点角度，设置终点角度为180°，如图 15-19 所示。单击【模式】面板中【完成编辑模式】按钮，完成旋转体的创建，如图 15-20 所示。

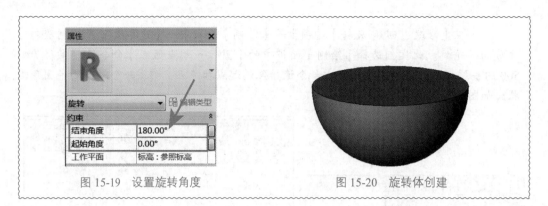

图 15-19　设置旋转角度　　　　　　　　　　图 15-20　旋转体创建

4）放样

放样是通过闭合的平面轮廓按照连续的放样路径生成三维模型的建模方式。

项目实例

　　基于"公制常规模型"族样板，以外径 21mm，内径 15mm 的管子为例，创建三维形状。

【实操步骤】

（1）打开"公制常规模型"族样板。

（2）切换至"参照标高"平面，单击【创建】选项卡→【形状】面板→【放样 】按钮，切换到【修改 | 放样】选项卡，如图 15-21 所示。

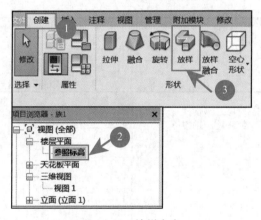

图 15-21　放样命令

（3）在【修改 | 放样】选项卡【放样】面板中选择适当的工具，此案例中选择【绘制路径 】命令，切换到路径创建工作界面，如图 15-22 所示。

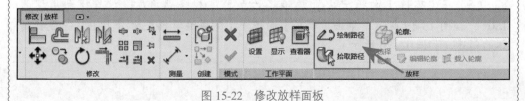

图 15-22　修改放样面板

（4）在【修改|放样＞绘制路径】上下文选项卡【绘制】面板中选择适当的绘制工具，此案例选择【样条曲线 ✎】工具，绘制放样路径草图，绘制一条任意曲线，如图 15-23 所示，绘制完成后单击【模式】面板中【完成编辑模式 ✔】按钮，切换回上一级【修改|放样】选项卡。

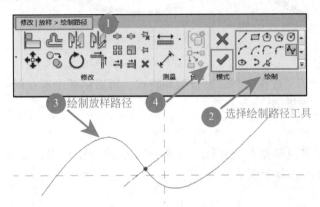

图 15-23　绘制放样路径

（5）创建放样轮廓。单击【修改|放样】选项卡→【放样】面板→【编辑轮廓 ✎】工具，如图 15-24 所示，进入放样轮廓编辑界面，绘制轮廓草图。弹出【转到视图】对话框，选择"三维视图：视图 1"后单击【打开视图】，进入编辑轮廓界面。

图 15-24　编辑轮廓

（6）进入编辑轮廓界面后，将三维视图调整到一个比较合适的角度，选择合适的绘制工具，使用【圆形 ⊙】命令绘制两个圆，半径分别为 21 和 15，如图 15-25 所示。

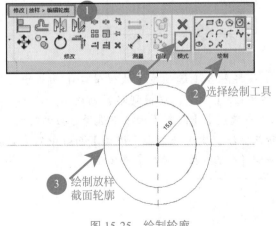

图 15-25　绘制轮廓

（7）单击【完成编辑模式 ✅】按钮，退回上一层选项卡【修改|放样】，再次单击【完成编辑模式 ✅】，完成放样几何形状的创建，如图 15-26 所示。

图 15-26　放样体创建

5）放样融合

放样融合结合了"放样"与"融合"的特点，可以将两个不在同一平面的形状按照指定的路径生成三维模型。

┌─ 项目实例 ─┐

　　基于"公制常规模型"族样板，创建一端为 100mm 圆形，另一端为 200mm 半径的六边形的异性三维模型。

【实操步骤】

（1）打开"公制常规模型"族样板。

（2）切换至"参照标高"，单击【创建】选项卡→【形状】面板→【放样融合 】按钮，如图 15-27 所示，切换到【修改｜放样融合】选项卡。

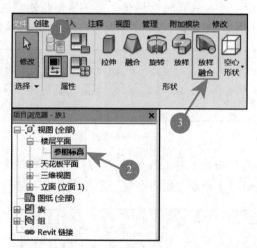

图 15-27　放样融合命令

（3）在【修改｜放样融合】选项卡【放样融合】面板中选择适当的工具，此案例中选择【绘制路径 】命令，切换到路径创建工作界面，在【修改｜放样融合＞绘制路径】上下文选项卡【绘制】面板中选择适当的绘制工具，绘制放样路径草图，如图 15-28 所示，绘制完成后单击【模式】面板中的【完成编辑模式 ✅】按钮，自动切换回上一级【修改|放样融合】选项卡。

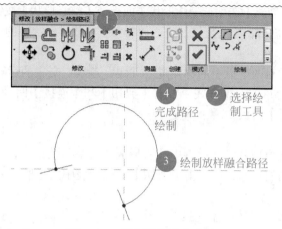

图 15-28 绘制放样融合路径

（4）单击【修改 | 放样融合】选项卡→【放样融合】面板→【编辑轮廓📝】工具，在弹出的【转到视图】对话框中选择合适的视图打开，进入编辑轮廓界面。将三维视图调整到一个比较合适的角度，使用【圆形⊙】工具绘制一端轮廓草图，使用【多边形⬡】工具绘制另一端六边形轮廓草图，如图 15-29 所示。

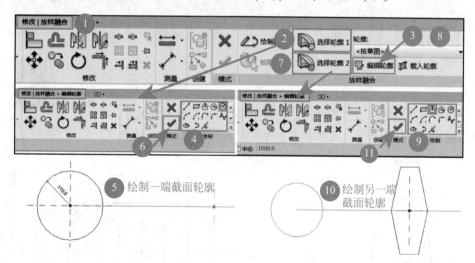

图 15-29 绘制两端轮廓

（5）单击【完成编辑模式✔】，退回上一层选项卡【修改 | 放样融合】，再次单击【完成编辑模式✔】，完成放样几何形状的创建，如图 15-30 所示。

图 15-30 放样融合体创建

6）空心形状

使用空心形状的前提是有实心形状，然后绘制空心形状对其剪切。

方法一：选中实心形状，在【属性】对话框中将实体调整为空心。

方法二：单击【创建】选项卡→【形状】面板→【空心形状】按钮，选择相应创建工具：空心拉伸、空心融合、空心旋转、空心放样和空心放样融合，创建方法与实心相同。

2. 布尔运算

布尔运算是通过对两个以上的物体进行并集、差集、交集的运算，从而得到新的物体形态。处理形体的布尔运算方式主要有【剪切】和【连接】两种，其命令在【修改】选项卡的【几何图形】面板中。

1）剪切

该命令可将空心模型从实体模型中减去形成"镂空"效果。若需要将已经剪切的实体模型返回到未剪切的状态，可单击【剪切】下拉列表中的【取消剪切几何图形】。

2）连接

连接命令可将多个实体模型连接为一个，实现"布尔剪"，并且在连接处产生实体相交的相贯线。若需要将已经连接的实体模型返回到未连接的状态，可单击【连接】下拉列表中的【取消连接几何图形】。

> **提示**
>
> 在"1+X"建筑信息模型（BIM）职业技能等级考试初级建模考试中，至少会有一道以族创建工具的组合使用为考察目标的操作题，几种不同的族创建工具用于不同的三维形状的创建，因此每种工具的操作方式和特点都是要掌握的内容。

3. 族创建工具组合使用案例

项目实例

绘制仿交通锥模型，具体尺寸见图 15-31 给定的投影图尺寸。创建完成后以"仿交通锥+考生姓名"为文件名保存至考生文件夹中。

微课：仿交通锥的创建

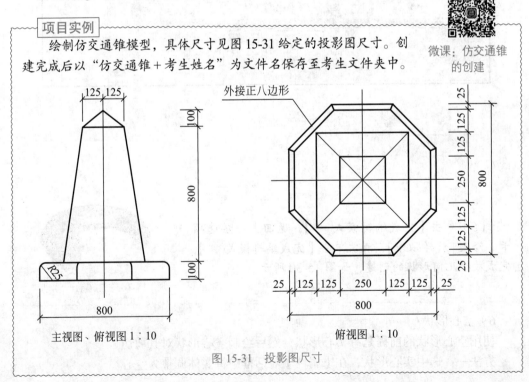

图 15-31　投影图尺寸

【实操步骤】

1）模型分析

该交通锥由三个部分组成：底座、锥身和锥尖。每一个部分需要使用不同的三维形状创建工具进行创建。

（1）底座：交通锥底座为八棱主体，上部棱带圆角剪切。创建思路有两种。①通过【拉伸】命令绘制八棱柱，然后再使用"空心放样剪切"命令完成上部的圆角部分。②使用【放样】命令进行绘制，放样轮廓为矩形且其中一个角带圆角。

（2）锥身：锥身部分为上下两个平行平面且形状不同，使用融合命令绘制。

（3）锥尖：锥尖部分是四棱锥，其思路与底座一致，建议直接使用放样命令绘制。

2）新建族

单击【文件】选项卡→【新建】列表→【族】，弹出【新族－选择样板文件】对话框，选择库中"公制常规模型"族样板，单击【打开】。

3）绘制底座

（1）思路一：拉伸＋空心放样。

①切换至"参照标高"平面，单击【创建】选项卡→【形状】面板→【拉伸 📦】按钮，切换到【修改│创建拉伸】上下文选项卡→【绘制】面板→【外接多边形 ⬡】工具，根据图纸尺寸绘制锥底截面轮廓草图。

在选项栏调整相关参数：【深度】值为 100，【边】为 8，以样板默认原点为圆心，绘制半径为 400 的多边形，放置位置与图纸一致，如图 15-32 所示，完成后将视图调整到三维，如图 15-33 所示。

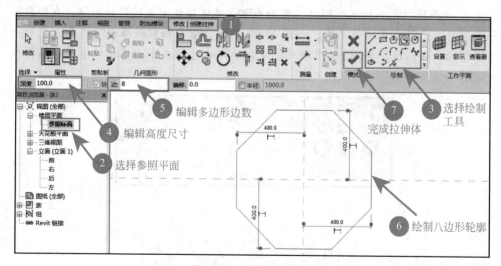

图 15-32　绘制锥底轮廓

②在三维视图中，单击【创建】选项卡→【形状】面板→【空心形状 📦】工具下拉箭头→【空心放样 🪁】命令，如图 15-34 所示。

图 15-33　锥底座三维图

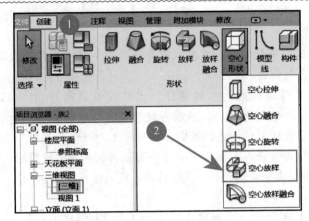

图 15-34　空心放样命令

③ 切换进入【修改|放样】上下文选项卡中，单击【放样】面板中【拾取路径 🗋】命令，如图 15-35 所示。

图 15-35　拾取路径放样

④ 放样路径是八棱体的顶棱，单击拾取八棱体顶棱完成路径的拾取，在拾取第一条边时，出现轮廓编辑平面，如图 15-36 所示，依次拾取轮廓边缘线条，完成一个闭合的放样路径，如图 15-37 所示，完成后单击【模式】面板中的【完成编辑模式 ✔】命令按钮。

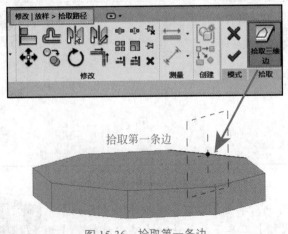

拾取第一条边

图 15-36　拾取第一条边

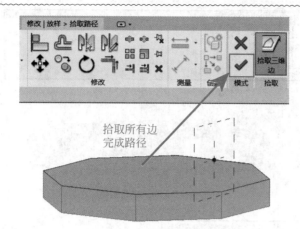

图 15-37　拾取截面轮廓

⑤ 在【修改 | 放样】选项卡中，单击【放样】面板中的【编辑轮廓📝】工具，将视图调整到一个合适的角度，以方便轮廓绘制。

如果不方便绘制，可以单击【工作平面】面板中的【查看器】命令，查看器是用垂直于工作平面的视角绘制截面轮廓。在轮廓编辑平面单击【绘制】面板中的【线╱】工具，绘制两条相交的直线，如图 15-38 所示。

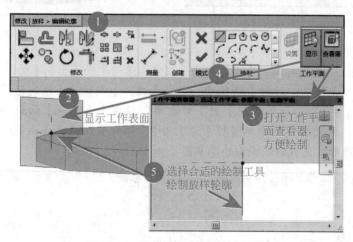

图 15-38　工作平面查看器绘制直线

单击【绘制】面板的【圆角弧╭】命令，绘制圆角弧与两条直线相切，修改圆角弧半径为 25，如图 15-39 所示。

在【修改 | 放样 > 编辑轮廓】选项卡修改面板中使用【修剪 / 延伸为角🔲】命令，修剪直接和圆角弧相切，如图 15-40 所示。

⑥ 单击【修改 | 放样 > 编辑轮廓】选项卡→【模式】面板→【完成编辑✔】按钮，返回到上一层【修改 | 放样】选项卡，再次单击【完成编辑✔】按钮，完成底座创建，如图 15-41 所示。

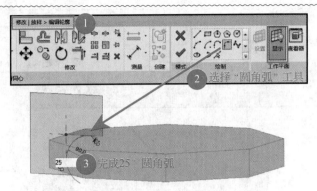

图 15-39　绘制圆角弧

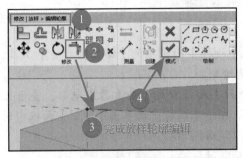

图 15-40　完成放样轮廓

图 15-41　锥底三维模型

（2）思路二：放样。

① 切换至"参照标高"平面，单击【创建】选项卡→【形状】面板→【放样🌀】按钮，切换到【修改 | 放样】选项卡，单击【放样】面板→【绘制路径🖊】命令，进入【修改 | 放样 > 绘制路径】上下文选项卡，单击【绘制】面板→【外接多边形🔾】工具，修改状态栏中参数值【边】为 8，以样板默认原点为圆心，绘制半径为 400 的多边形，完成锥底截面轮廓草图，如图 15-42 所示。

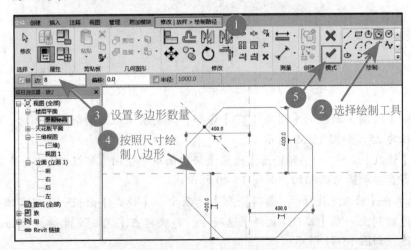

图 15-42　外切多边形绘制轮廓

② 完成编辑后，返回【修改|放样】选项卡，单击【放样】面板中的【编辑轮廓 】工具，在弹出的【转到视图】对话框中选择"三维视图：视图 1"，单击【打开视图】，在打开的视图中，单击【修改|放样 > 编辑轮廓】选项卡→【绘制】面板→【矩形 】工具按钮，沿工作平面绘制长 400、高 100 的矩形，如图 15-43 所示，单击【绘制】面板→【圆角弧 】工具按钮，修剪圆角，半径为 25，如图 15-44 所示。修剪完毕后，单击两次【完成编辑 】，完成底座的绘制。

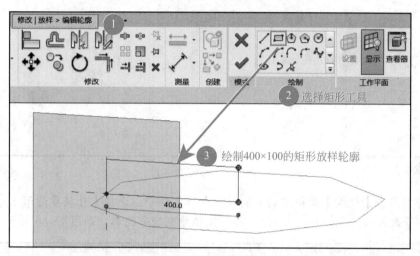

图 15-43 绘制矩形轮廓

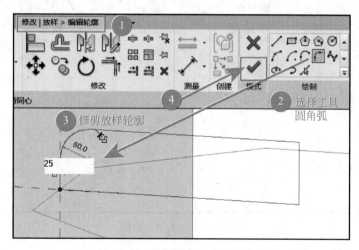

图 15-44 绘制圆角弧修剪左上角

4）绘制锥身

（1）切换至"参照标高"视图，单击【创建】选项卡→【形状】面板→【融合 】按钮，切换到【修改|创建融合底部边界】上下文选项卡，在【绘制】面板中选择【外接多边形 】工具，在选项栏中修改边的数量为 4，勾选半径，修改半

径值为 250，如图 15-45 所示。

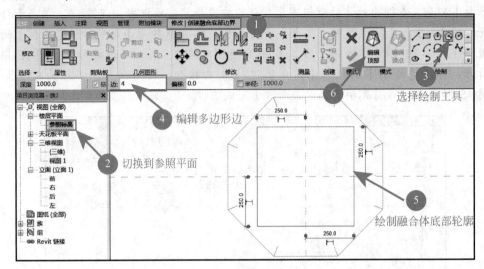

图 15-45　锥身底部轮廓

（2）单击【模式】面板中的【编辑顶点🥌】命令，选择【外接多边形⬡】绘制命令，修改选项栏半径参数为 125，按照图纸绘制顶部轮廓，如图 15-46 所示。

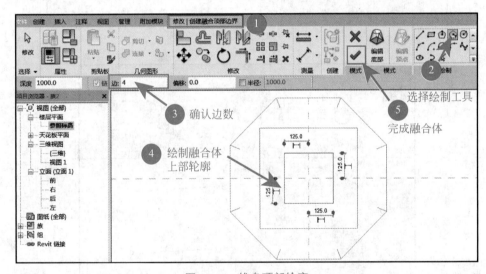

图 15-46　锥身顶部轮廓

（3）锥身高度为 800，由于底座高度为 100，因此起始标高为 100，不能直接通过修改选项栏深度进行高度调整，需要修改【属性】面板【第一端点】为 100,【第二端点】为 900，如图 15-47 所示，参数设置完毕后单击【完成编辑✔】，完成锥身的创建。

　　5）绘制锥尖

（1）将视图切换至"三维视图：视图 1"，单击【创建】选项卡→【形状】面

板→【放样👉】工具，切换到【修改 | 放样】上下文选项卡，单击【放样】面板→【拾取路径📐】命令按钮，切换进入【修改 | 放样 > 拾取路径】上下文选项卡，依次拾取椎体顶面的矩形轮廓，如图 15-48 所示。

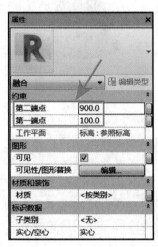

图 15-47　属性约束

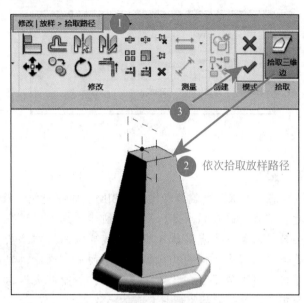

图 15-48　拾取路径

（2）单击【修改 | 放样】选项卡→【放样】面板→【编辑轮廓📝】按钮，切换进入【修改 | 放样 > 编辑轮廓】选项卡，调整视图到合适的角度，进行放样截面的绘制，选择【绘制】面板中的【线✏】工具，绘制截面轮廓为水平直角边长 125，垂直直角边长 100 的直角三角形，如图 15-49 所示。

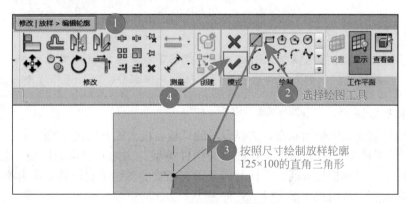

图 15-49　绘制锥尖放样轮廓

（3）完成放样轮廓编辑之后，单击两次【完成编辑✔】，完成锥尖放样。

6）完成模型并保存

（1）单击【修改】选项卡→【几何图形】面板→【连接📐】命令，如图 15-50

所示，分别单击锥尖、锥身和底座，实现三个几何图形的连接。

（2）完成后如图 15-51 所示。按照要求保存文件，并存入指定文件夹。（结果参看本书配套文件"15.仿交通锥族"）

图 15-50　连接几何体

图 15-51　仿交通锥创建完成

> **提示**
>
> 　　在"1+X"建筑信息模型（BIM）职业技能等级考试初级建模考试中，通常在考查"族"的知识点时，会要求创建三维形状进行理论和实操的综合考核，而不会只针对某一个点具体考核，考核要求的三维形状通常不会是单一几何形状，而是需要由多个不同的几何形状连接而成。因此，我们需要对族创建的基本方法和思路有清晰的了解，学会举一反三，并能够灵活运用创建族的几种不同的方式组合构成，最终创建出题目要求的三维形状的族。
>
> 　　先认真分析题目所给三维模型由哪些几何体组成，然后逐一判断使用何种创建工具可以创建出该几何体，最后进行几何体的创建和组合。

任务 15.3　Revit 简单参数化族创建方法和思路（选学）

> **提示**
>
> 　　在"1+X"建筑信息模型（BIM）职业技能等级考试初级建模考试中，不考察带变量的参数化族。此部分作为后续高级考试的先修部分，可以选择性学习。

1. 族样板选择

族样板是创建族的初始状态，选择合适的样板会极大提升创建族的效率。

"公制常规模型"用于创建相对独立的构件类型，例如公制常规模型、公制家具、公制结构柱等。该样板打开后，默认有两条垂直相交的参照平面，其交点为项目中载入该族时的插入点。调用族样板有以下几种方法。

（1）Revit 启动后，在初始界面中，在"族"环境中单击【新建】命令按钮，弹出【新族－选择样板文件】对话框，在窗口中浏览进行样板的选择，选中后单击【打开】。

（2）Revit 启动后，在初始界面中，单击【文件】选项卡→【新建】列表→【族】按钮，弹出【新族－选择样板文件】对话框，选中样板文件后单击【打开】。

项目实例

案例工程以"公制常规模型"为模板进行族的创建。

【实操步骤】

单击【文件】选项卡→【新建】→【族】按钮，在打开的【新族–选择样板文件】对话框中浏览选择"公制常规模型"，单击【打开】，完成族样板选择，进入族编辑器。

2. 设置族类别

族类别决定族在项目中的工作特性，通常情况下，"族类别"与其样板同名。新建族时先确定族类别是一个重要的原则，族类别不仅决定了族的分类、明细表统计、行为，还将影响族的默认参数、子类别、调用方式等内容。

项目实例

案例工程为矩形体，族类别为家具，要求矩形体长度、宽度、高度设置为参数，可通过参数输入实现模型修改。

【实操步骤】

（1）单击【创建】选项卡→【属性】面板→【族类别和族参数 】按钮，如图 15-52 所示，弹出【族类别和族参数】对话框。

微课：简单参数化族的创建

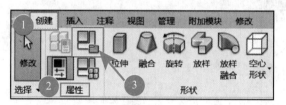

图 15-52 族类别和族参数

（2）在【族类别和族参数】对话框中，浏览并选择"家具"，单击【确定】按钮，如图 15-53 所示，完成族类别的创建，如图 15-54 所示。

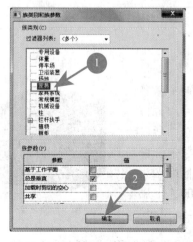

图 15-53 族类别和族参数对话框

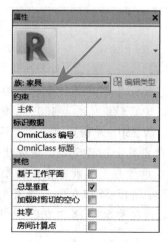

图 15-54 族类型

3. 族形体制作

族形体的制作方法就是利用【创建】选项卡中的不同工具完成几何形体的创建和组合。

项目实例

案例工程为矩形体的家具。

【实操步骤】

（1）单击【创建】选项卡→【形状】面板→【拉伸 ▯ 】工具按钮，切换到【修改 | 拉伸】上下文选项卡。

（2）在【绘制】面板中选择【矩形 □ 】工具，在选项栏中，修改【深度】值为 500，修改【偏移】值为 250，在绘图区域以交叉点为中心，两次单击参照平面交点，绘制如图所示矩形，调整【拉伸终点】为 500，单击【完成编辑 ✔ 】，生成三维模型，如图 15-55 所示。

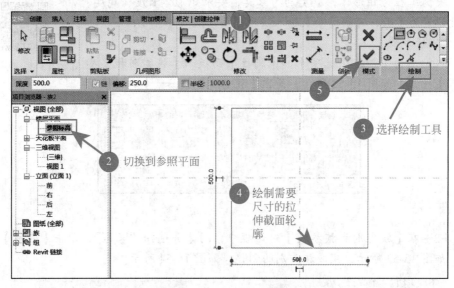

图 15-55 拉伸创建形状

小知识

上述矩形绘制是通过单击矩形两个对角点＋偏移来完成。该矩形长宽均为 500，以样板原点为中心，偏移值设定为 250，单击原点，因为设定了偏移值，所以其实际落点是上图蓝色矩形的左上角点，再次单击中心，生成矩形右下角点并生成矩形。设定拉伸终点为 500，即将图 15-55 中矩形往垂直向上拉伸 500，生成立方体，高度为 500，生成的三维图形如图 15-56 所示。

图 15-56 三维图形生成

小知识

　　通过以上步骤创建了一个三维族，该族尺寸是固定的，不能随环境变化进行调整，例如：不同的房间需要配置不同规格的家具，不具有重复使用性，当需要其他尺寸，比如 1000×1000×1000，需要重新建族或者返回族内修改建模参数，影响建模效率。

4. 族参数添加

　　Revit 的参数化可以为模型添加变量参数，使之可以根据需要而变化，实现定制化、参数化。

　　本书案例将为家具族添加长、宽、高三个参数，使得模型中的定量信息变量化，使之成为任意调整的参数。对变量化参数赋予不同数值，就可以得到不同大小和形状的构件模型，极大提高建模效率。

项目实例

　　案例工程为矩形体，该家具族有两种类型，长、宽、高尺寸分别为 500×500×500 和 1000×1000×1000。

【实操步骤】

　　（1）重复上述样板选择、族类别设定过程，首先绘制四条参照平面，如图 15-57 所示。

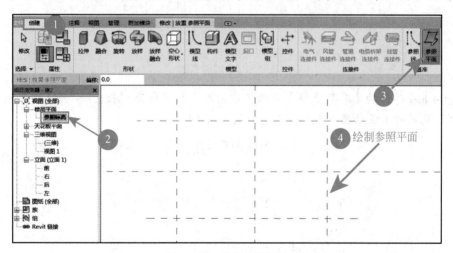

图 15-57　绘制参照平面

　　（2）单击【注释】选项卡→【尺寸标注】面板→【对齐 ✎ 】按钮，如图 15-58 所示。

　　对已经绘制好的参照平面进行连续标注，此时标注上方出现画线的"EQ"，"EQ"表示等分，单击"EQ"后，两侧参照平面与中间参照平面距离相等，如图 15-59 所示，用同样的方法，再次标注两条垂直

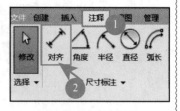

图 15-58　尺寸标注

参照平面并进行等分，完成等分后对长、宽进行再次标注，完成后如图 15-60 所示。

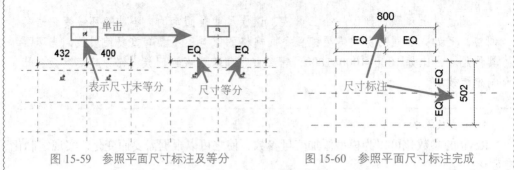

图 15-59　参照平面尺寸标注及等分　　　图 15-60　参照平面尺寸标注完成

（3）选中尺寸标注，单击【修改 | 尺寸标注】选项卡→【标签尺寸标注】面板→【创建参数▤】按钮，如图 15-61 所示。

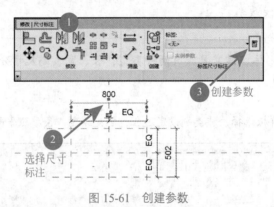

图 15-61　创建参数

（4）在弹出的【参数属性】对话框中输入参数名称为"长度"，并单击【确定】按钮，完成对家具长度参数的设置，如图 15-62 所示。

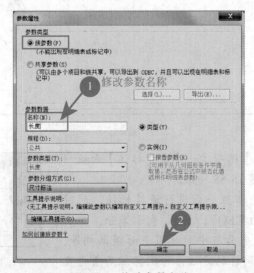

图 15-62　修改参数名称

（5）重复上一步操作，在【参数属性】对话框中输入参数名称为"宽度"并单击【确定】按钮，完成家具宽度参数的设置，完成后如图 15-63 所示。

（6）单击【创建】选项卡→【形状】面板→【拉伸 🔲】按钮，切换到【修改|拉伸】上下文选项卡，单击【绘制】面板→【矩形 🔲】工具按钮，捕捉参照平面绘制矩形，绘制完毕后单击锁头，使其成为上锁状态，如图 15-64 所示，完成后单击【修改|拉伸】选项卡→【模式】面板→【完成编辑 ✔】按钮，完成拉伸图形的创建。

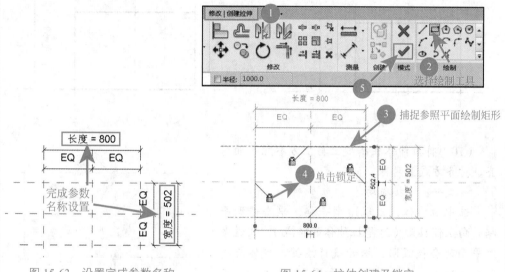

图 15-63　设置完成参数名称　　　　图 15-64　拉伸创建及锁定

（7）将视图调整到前立面视图，单击【创建】选项卡→【基准】面板→【参照平面 🔳】按钮，切换到【修改|放置 参照平面】上下文选项卡，单击【绘制】面板→【线 ╱】工具，在已经创建的三维图形的上方绘制一条参照平面，如图 15-65 所示。

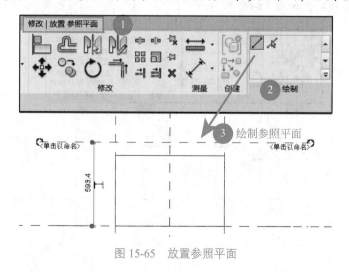

图 15-65　放置参照平面

（8）单击【注释】选项卡→【尺寸标注】面板→【对齐✓】按钮，标注两条参照平面之间的距离，如图 15-66 所示。

（9）选中尺寸标注，单击【修改 | 尺寸标注】选项卡→【标签尺寸标注】面板→【创建参数🔒】按钮，在弹出的【参数属性】对话框中输入参数名称为"高度"并单击【确定】按钮，完成对家具高度参数的设置，如图 15-67 所示。

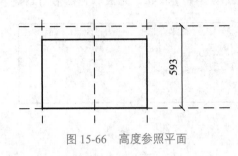

图 15-66　高度参照平面

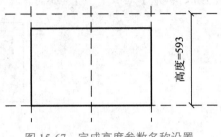

图 15-67　完成高度参数名称设置

（10）将拉伸体在高度上与上方参照平面对齐。对齐方式有两种。

方式一：直接拖动。

选中拉伸体，出现造型手柄，单击造型手柄并向上侧移动（这是拉伸体的特点），靠近参照平面时会被吸附，松开鼠标左键，形体与参照平面对齐，并出现锁头，如图 15-68 所示，单击锁头，将形体在高度方向上与参照平面锁定。

方式二：对齐命令。

选中拉伸体，使用【修改】面板中的【对齐🔒】命令，对齐后同样需要把对齐边与参照平面锁定，如图 15-69 所示。

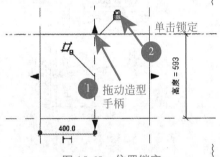

图 15-68　位置锁定

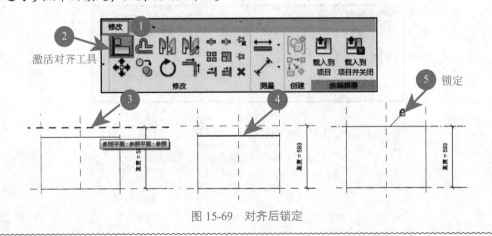

图 15-69　对齐后锁定

5.其他特性设置

项目实例

　　案例工程为矩形体，该家具族有两种类型，长、宽、高尺寸分别为 $500 \times 500 \times 500$ 和 $1000 \times 1000 \times 1000$。

　　【实操步骤】

　　（1）单击【创建】选项卡→【属性】面板→【族类型 📇】按钮，弹出【族类型】对话框，参数长度、宽度、高度已添加到尺寸标注栏内，如图 15-70 所示。

图 15-70　族类型对话框

　　（2）单击【族类型】对话框中的【新建类型】按钮，弹出新对话框，在文字栏输入"类型 1-500*500*500"，完成后单击【确定】按钮，返回【族类型】对话框，在【尺寸标注】参数组中修改长度、宽度、高度尺寸参数，三个参数均设置为 500，单击【应用】按钮，观察模型形体是否随参数的变化而变化，单击【确定】按钮完成家具新族的创建和设置，如图 15-71 所示。

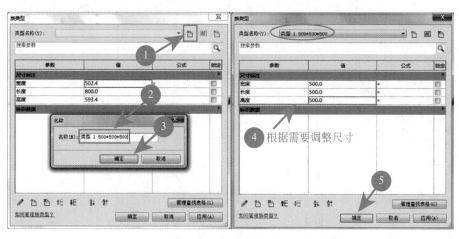

图 15-71　创建类型 1

（3）重复上一步骤，新建类型"类型 2-1000*1000*1000"，调整【尺寸标注】参数组中的长度、宽度、高度尺寸值均为 1000。

至此，完成该案例工程为该家具族创建了两种类型，长、宽、高尺寸分别为 500×500×500 和 1000×1000×1000。

6. 载入项目

完成族的创建和编辑之后的最后一步是将族载入项目中或者族中使用。

家具族被载入新建项目中，光标处于放置族状态，属性栏显示该族，在【项目浏览器 – 族 – 家具 – 家具族】可以找到该家具族及实例。

至此，完成了参数化族的创建及应用，回到族视图，将其保存完成创建和编辑。

模块 16 定制化建模——概念体量

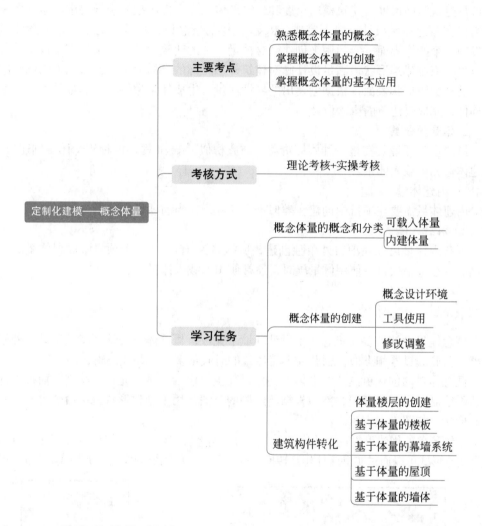

主要考点
- 熟悉概念体量的概念
- 掌握概念体量的创建
- 掌握概念体量的基本应用

考核方式
- 理论考核+实操考核

定制化建模——概念体量

学习任务
- 概念体量的概念和分类
  - 可载入体量
  - 内建体量
- 概念体量的创建
  - 概念设计环境
  - 工具使用
  - 修改调整
- 建筑构件转化
  - 体量楼层的创建
  - 基于体量的楼板
  - 基于体量的幕墙系统
  - 基于体量的屋顶
  - 基于体量的墙体

任务 16.1　概念体量基础知识

概念体量与族有颇多相似之处，是一种特殊的族，但其运用多在项目概念设计阶段。Revit通过提供概念设计环境，帮助设计师进行自由形状建模和参数化设计，并进行设计分析。相较于参数化族，概念体量尺寸更大，通常用于较大模型的创建，如一栋建筑物；而参数化族更多的是做构件，如柱、门、窗等。族创建形状的工具为拉伸、放样、融合、旋转、放样融合以及对应的空心工具。体量创建为基于点、线、面创建实心或空心形状，族能创建的模型体量同样能创建，并且体量能创建更为复杂的模型。

1. 概念体量的概念

在现代建筑当中，我们发现有越来越多的形状自由、造型复杂的异性建筑，例如著名的"鸟巢""水立方""中央电视台大楼""苏州东方之门"等，异型建筑不仅实现设计师的理念，也成为城市的一张名片。

建筑体量是指建筑物在空间上的体积，包括建筑的长度、宽度、高度。建筑体量一般从建筑竖向尺度、建筑横向尺度和建筑形体三方面提出控制引导要求。概念体量设计需要在概念体量设计环境下完成，Revit 提供的概念设计环境是为了创建概念体量而开发的一个操作界面，专门用来创建概念体量，帮助建筑设计师在项目概念设计阶段创建自由的三维建筑形状，满足设计师对建筑外形轮廓的灵活要求，并可以编辑创建的形状、处理编辑形状表面，根据创建出的异性体量，生成体量楼层，将体量的面转化为建筑构件，完成对建筑的概念设计。

2. 体量的分类

概念设计环境其实是一种族编辑器，与族相似，Revit 提供两种概念体量创建方式：内建体量和可载入体量。

1）内建体量

内建体量需要在项目中创建，类似于内建族，在当前项目中使用。

2）可载入体量

可载入体量可以在项目外单独创建，后缀名为 .rfa，在一个项目中放置体量的多个实例或者在多个项目中使用体量族时，通常使用可载入体量族。

任务 16.2　概念体量的创建

概念体量设计需要在概念体量设计环境下完成，概念体量设计环境其实是一种族编辑器，与族编辑器相类似，因此在创建体量的时候很多工具和族编辑相同。

概念体量的创建更灵活，形体的创建过程主要包括两步，先在"绘制"面板中选择合适的绘制工具创建草图，然后根据所绘制的草图运用【创建形状🗻】命令生成实心或空心形状，如图 16-1 所示。

三维形象的创建可以选择【实心形状🗻】或【空心形状🗻】，如图 16-2 所示。空心形式和实心形式可以通过实例属性相互转换，空心形式几何图形的作用为剪切实心几何图形。

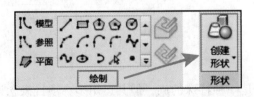

图 16-1　绘制创建形状

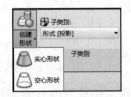

图 16-2　实心形状和空心形状

1. 概念体量创建工具

概念体量使用模型线和参照线两种形式创建草图，两种形式创建草图过程相同，但所创建草图在图形样式及修改行为方面有区别。

基于模型线的图形显示为实线，可直接编辑边、表面和顶点，且无须依赖参照形状或参照类型。基于参照线的图形显示线为虚线参照平面，只能通过编辑参照图元来进行编辑，依赖于其他参照，其依赖的参照发生变化时，基于参照的形状也随之发生改变。

2. 概念体量设计环境

概念体量形体的创建是由线生成面，由面生成体的过程。体量没有"拉伸""旋转"等命令，但是可以用不同平面的草图线生成更加复杂的形体。体量依然借助"族"工具进行形体创建，但是各种工具本身较族工具更为灵活，且生成形体后，形体的点、线、面、整体均可再编辑。

打开概念设计环境的方法有两种。

1）方法一

在初始启动界面中，单击【文件】选项卡，在【新建】选项面板中选择【概念体量】命令，打开【新概念体量－选择样板文件】对话框，选择"公制体量"，这是一个族样板文件，后缀名为 *.rft，单击【打开】按钮，如图 16-3 所示，将以公制体量为模板创建一个新概念体量，进入概念设计环境。

图 16-3　通过文件管理打开概念体量

2）方法二

在 Revit 初始启动界面中，单击【新建概念体量】，如图 16-4 所示，以公制体量为模板创建一个新概念体量，进入概念设计环境。

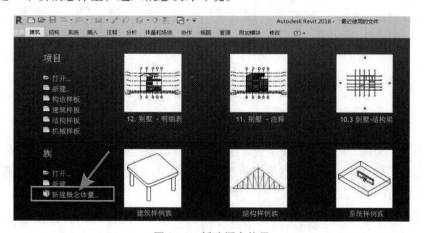

图 16-4　新建概念体量

3. 几种概念体量的形式创建

1）拉伸形状

（1）绘制草图。单击【创建】选项卡→【绘制】面板→【模型⎍】按钮，切换到【修改 | 放置 线】选项卡，选择所需的绘制工具，此例中选择【圆形⊘】工具绘制圆的草图，不勾选选项栏中【根据闭合的环生成表面】，如图 16-5 所示，根据需要的尺寸在参照平面上绘制闭合的轮廓，如图 16-6 所示。

图 16-5　绘制草图轮廓

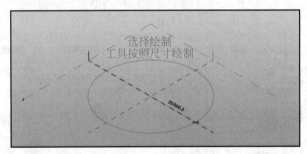

图 16-6　草图轮廓

（2）创建形状。单击【修改 | 放置 线】选项卡→【形状】面板→【创建形状⛁】下拉箭头→【实心形状⛛】，如图 16-7 所示。

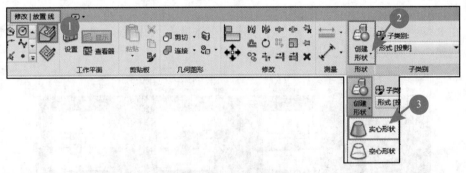

图 16-7　创建形状

草图轮廓为圆，模型线只能生成三维实体，其可能的三维形体包括旋转而成的球体和拉伸形成的圆柱体，软件会提示进行选择，如图 16-8 所示，根据需要进行选择即可。此处选择单击圆柱，生成体量。

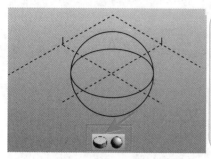

图 16-8　三维实体选择

> **小知识**
>
> 　　绘制的草图为线或者闭合环，如果在选项栏中勾选【根据闭合的环生成表面】复选框，绘制的草图会自动形成面。此例在开始绘制草图时，如果勾选【根据闭合的环生成表面】，则会直接生成圆柱体，因为绘制圆形草图时 Revit 已经自动生成了圆形的平面，所以不能再旋转成圆。

（3）设置拉伸形状。直接拉动三维实体上的拉伸箭头或者直接输入数据，可以对生成的实体三维形状进行调整，如图 16-9 所示。

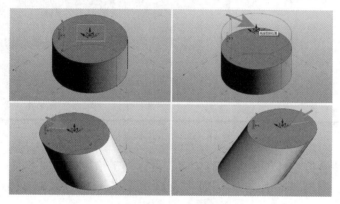

图 16-9　形状拉伸

（4）再次编辑。拉伸完成后，可以选择形体的点、线、面、体，进行再次编辑。在选择对象时，按键盘【Tab】键，可以对选择对象进行切换。例如修改拉伸体顶面半径，拉伸体可以修改成为融合体，如图 16-10 所示。

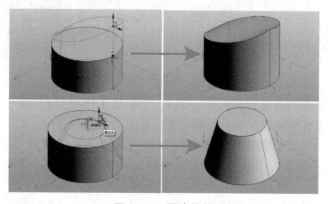

图 16-10　再次编辑

2）旋转形状

（1）显示工作平面。为便于清晰表达，方便绘制，可以让工作平面显示出来。单击【创建】选项卡→【工作平面】面板→【显示 ▦】命令，拾取相关面作为工作平面，让工作平面显示，如图 16-11 所示。

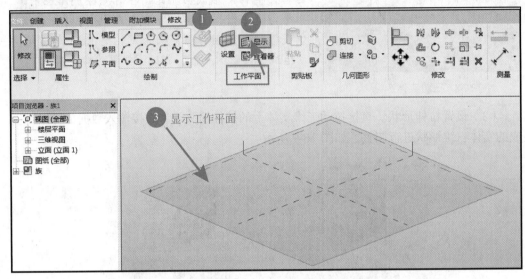

图 16-11　显示工作平面

为能够清楚看见旋转体量生成的步骤，可以单击拾取"参照平面：参照平面：中心（前 / 后）"，此时选中的参照平面将会显示出来，方便后面的操作，如图 16-12 所示。

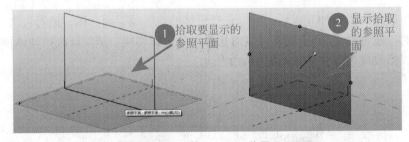

图 16-12　拾取显示工作平面

（2）绘制旋转截面和旋转轴。在【修改 | 放置 线】选项卡【绘制】面板中选择所需的绘制工具，在工作平面上绘制旋转轴和旋转截面，如图 16-13 所示。

（3）创建形状。同时选中旋转截面和旋转轴，单击【形状】面板→【创建形状 ▦】下拉箭头→【实心形状 ▦】，系统将创建角度为 360° 的旋转形状，如图 16-14 所示。

（4）设置旋转属性。完成实体创建后，可以根据需要选择旋转形状，在【属性】面板中调整旋转角度，可对旋转体进行旋转角度调整，效果如图 16-15 所示。

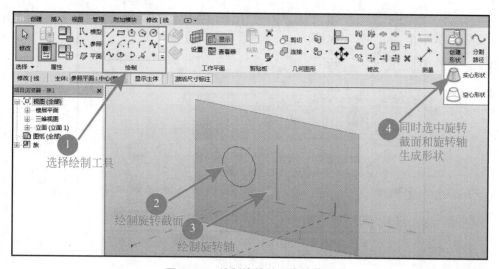

图 16-13   绘制旋转轴和旋转截面

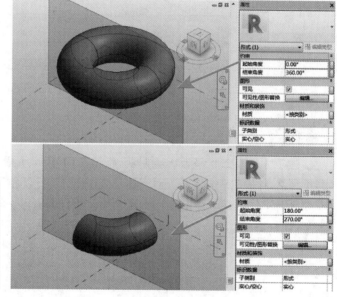

图 16-14   旋转三维实体   图 16-15   调整旋转角度效果

3）融合形状

（1）创建新工作平面。融合体需要两个截面轮廓，因此需要有两个平行的工作平面。单击【创建】选项卡→【绘制】面板→【平面 ✎】，进入【修改 | 放置 参照平面】上下文选项卡中，在【项目浏览器】中双击切换到任意一个立面，绘制新的工作平面，如图 16-16 所示。切换到三维视图观察，已经多出一个新的工作平面，如图 16-17 所示。

（2）绘制截面。分别在两个平行的工作平面上绘制融合体的上下两个截面，如图 16-18 所示。

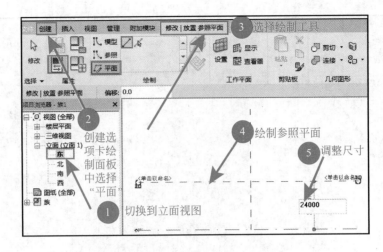

图 16-16　新建工作平面

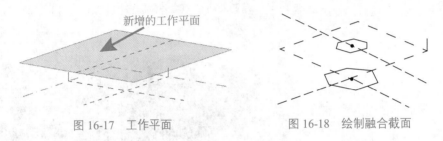

图 16-17　工作平面　　　　　　　　图 16-18　绘制融合截面

小知识

　　为了方便在工作平面上绘制截面，可以利用"查看器"进行精准绘制。选择工作平面后单击"工作平面"面板的"查看器"，可以打开查看器，选择绘制工具后，在查看器中的工作平面中进行绘制即可，如图 16-19 所示。

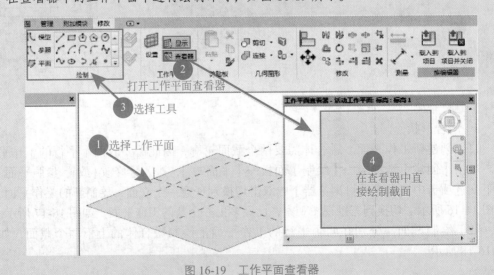

图 16-19　工作平面查看器

也可以直接拾取工作平面进行截面的绘制，单击"工作平面"面板"设置"工具，在弹出的"工作平面"对话框中选择"拾取一个平面"，单击要绘制截面的工作平面，即可切换到该平面进行绘制，如图 16-20 所示。

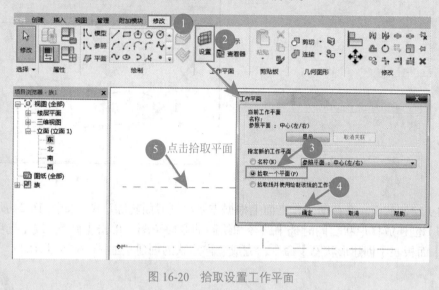

图 16-20 拾取设置工作平面

（3）创建融合形状。同时选中两个截面草图，单击【修改|线】选项卡→【形状】面板→【创建形状】命令，完成如图 16-21 所示的融合形状创建。

图 16-21 生成融合形状

（4）再次编辑。拉伸完成后，可以选择形体的点、线、面、体，进行再次编辑。

4）放样形状

（1）设置放样路径工作平面。单击拾取"参照平面：参照平面：中心（前/后）"，单击【修改|参照平面】选项卡→【工作平面】面板→【显示】工具，让工作平面显示。

（2）绘制放样路径。选择【绘制】面板中的【样条曲线】命令，在工作平面上绘制一条曲线，如图 16-22 所示。

（3）设置放样截面工作平面。选中已经绘制完的路径，单击【工作平面】面板的

【设置】命令，再单击要绘制放样截面的点，如图 16-23 所示。

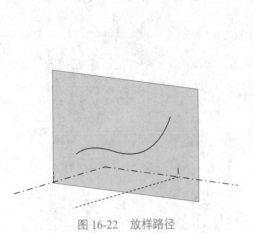

图 16-22 放样路径

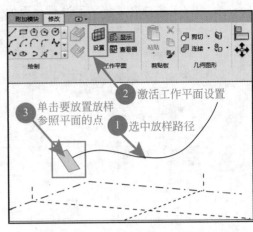

图 16-23 设置截面草图工作平面

（4）绘制截面。在截面工作平面上根据需要绘制截面轮廓草图，如图 16-24 所示。

（5）创建放样形状。同时选中路径和绘制的截面草图，单击【修改|线】选项卡→【形状】面板→【创建形状🗂】命令，完成放样形状的创建，如图 16-25 所示。

图 16-24 绘制截面轮廓草图

图 16-25 完成放样形状

（6）多截面放样。在上述放样形体的创建过程中，通过【修改|线】选项卡→【绘制】面板→【点图元 •】工具，在放样路径上添加点，如图 16-26 所示，形成多个可编辑截面，如图 16-27 所示，可以创建较【放样融合】更加复杂的图形，如图 16-28 所示。

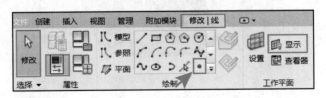

图 16-26 添加路径上的控制点

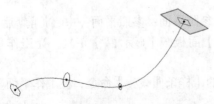

图 16-27 放样路径上添加多个截面

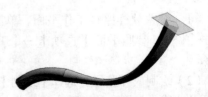

图 16-28 多个截面的放样

4. 概念体量的修改和调整

1）透视模式

在概念设计环境中，透视模式将形状显示为透明，显示其路径、轮廓和系统生成的引导。通过透视模式可选择形状图元的特定部分进行操作，调整体量形式。透视模式显示形状的可编辑图元包括轮廓、路径、轴线、各控制节点。

（1）透视模式的启用。选择已经创建的体量，单击功能区【修改 | 形式】选项卡→【形状图元】面板→【透视 🔲 】命令，再次执行上述命令可退出透视模式。

（2）透视模式的运用。进入透视模式后，可以为形体【添加边 🔲 】【添加轮廓 🔲 】和【融合形状 🔲 】。

边是概念体量图形基本组成形式，在概念设计环境中，可通过为体量形式添加边，形成控制形式形状的关键节点。

轮廓是概念体量图形基本组成形状，在概念设计环境中，可通过为体量形式添加轮廓，形成控制形式形状的关键节点。生成的轮廓平行于形状的初始轮廓，垂直于拉伸的轨迹中心线。

在概念设计中，通过融合形状可删除当前体量形状，只保留相关曲线，以便通过修改后的曲线重建体量形状。

2）布尔运算

通过实心剪切几何图形，对相交形状进行布尔运算，可剪去另一形状与现有形状的公共部分。

任务 16.3　概念体量的调用和建筑构件转化实例

概念体量创建的基本思路是根据设计要求创建体量轮廓模型，根据体量生成体量楼层，再将体量的面转化为建筑构件，完成对建筑的设计。

1. 项目中概念体量的调用

概念体量创建后，可载入项目中，并基于概念体量创建建筑构件。

（1）新建 Revit 项目文件。

（2）载入概念体量族文件。

（3）将视图切换至相关楼层平面。

（4）单击【体量和场地】选项卡→【概念体量】面板→【放置体量 🔲 】命令。

（5）选择载入概念体量族文件。

（6）在【修改 | 放置 体量】选项卡中选择放置面或工作平面，设置放置面。

（7）在绘图区域相应位置单击，完成体量的放置。

2. 体量楼层的创建

概念体量放置后，通过该功能可对体量进行楼层划分。

（1）创建相关项目标高。

（2）选择项目中已放置的体量。

（3）单击【修改 | 体量】选项卡→【模型】面板→【体量楼层 🔲 】命令。

（4）在【体量楼层】对话框中选择需要进行楼层划分的标高后单击【确定】按钮，完成体量楼层的创建。

3. 体量楼层的相关统计

通过该功能对体量楼层进行相关统计，在概念阶段为设计提供相关数据。

（1）单击【视图】选项卡→【创建】面板→【明细表】，选择"明细表/数量"，弹出【新建明细表】对话框。

（2）在【类别】栏选择"体量楼层"，切换到【明细表属性】对话框。

（3）在【明细表属性】对话框中选择需要统计的相关字段，其他设置详见明细表内容介绍。

（4）单击【确定】按钮完成统计工作。

4. 基于体量的楼板

体量楼层创建完成后，通过该功能可以为体量楼层增加楼板。

（1）选择【体量和场地】选项卡→【面模型】面板→【楼板🗐】命令。

（2）在【属性】面板中的"实例属性类型选择器"中选择需要添加的楼板类型。

（3）在【修改|放置 楼板】选项卡中选择【选择多个🖳】选项。

（4）选择需要添加楼板的体量楼层。

（5）在【修改|放 面楼板】选项卡中执行【创建楼板🗐】命令，完成楼板的生成。

5. 基于体量的幕墙系统

通过该功能可将体量形状表面转化为幕墙系统。

（1）选择【体量和场地】选项卡→【面模型】面板→【幕墙系统🏢】。

（2）在幕墙系统实例属性类型选择器中选择相应类型，并设置好相关参数。

（3）在【修改|放置 面幕墙系统】选项卡中，选择【选择多个🖳】选项。

（4）拾取体量相关表面。

（5）在【修改|放置 面幕墙系统】选项卡中，执行【创建系统🏢】命令完成幕墙系统的创建。

6. 基于体量的屋顶

通过该功能可将体量形状表面转化为建筑屋顶。

（1）选择【体量和场地】选项卡→【面模型】面板→【屋顶🗐】。

（2）在屋顶实例属性类型选择器中选择相应类型，并设置好相关参数。

（3）在【修改|放置 面屋顶】选项卡中，选择【选择多个🖳】选项。

（4）拾取体量相关表面。

（5）在【修改|放置 面屋顶】选项卡中，执行【创建屋顶🗐】命令完成面屋顶的创建。

7. 基于体量的墙体

通过该功能可将体量形状表面转化为建筑面墙。

（1）选择【体量和场地】选项卡→【面模型】面板→【墙🗐】命令。

（2）在墙实例属性类型选择器中选择相应类型，并设置好相关参数。

（3）设置选项栏相关参数，注意定位线设置。

（4）拾取体量相关表面自动生成墙面。

项目实例

　　按照要求创建下图模型：①面墙为厚度200mm的"常规 −200mm"，定位线为"核心层中心线"；②幕墙系统为网格布局 600mm×1000mm（即横向网格间距为 600mm，竖向网格间距为 1000mm），网格上均设置竖梃，竖梃均为圆形竖梃，半径 50mm；③屋顶为厚度400mm的"常规 −400mm"屋顶；④楼板为厚度150mm的"常规 −150mm"楼板，标高1至标高6上均设置楼板（图 16-29）。

微课：实例概念
体量的创建

　　请将该模型以"体量楼层＋考生姓名"为文件名保存至考生文件夹中。

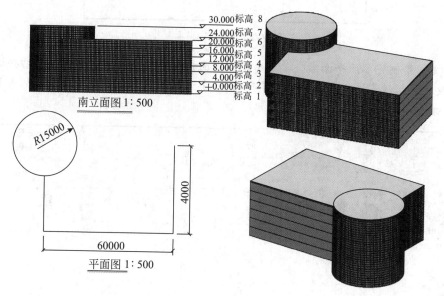

图 16-29 试题图纸

【实操步骤 1】

　　分析思路：该模型为一整栋建筑的建模，因此适用于概念体量创建。

　　该模型由两个部分组成，包括长方体和圆柱体，标高不一致，部分重叠。因此，两个形体采用拉伸方式，分别绘制，重叠部分使用"连接"命令。体量部分可以采用可载入体量的方式创建，也可以选择内建体量的方式创建。

　　体量完成后载入项目中，进行建筑构件的转化。

　　1. 创建可载入体量

　　1）长方体体量部分

　　（1）以"公制体量"为模板，新建体量，进入概念体量设计环境。将视图切换至"标高1"，单击【创建】选项卡→【绘制】面板→【平面 ▱】，切换到【修改 | 放置 参照平面】上下文选项卡，选择【线 ／】工具，根据图纸尺寸，绘制四个参照

平面作为绘制矩形截面的辅助线，如图 16-30 所示。

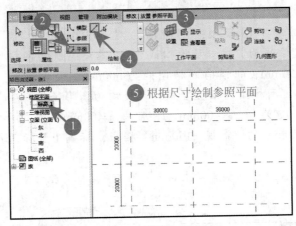

图 16-30　绘制参照平面

（2）绘制完参照平面后，单击【绘制】面板→【模型 ⼋】工具按钮，切换进入【修改 | 放置 线】选项卡中，选择【矩形 ▭】绘制工具按钮，沿辅助线绘制体量截面的矩形形状，如图 16-31 所示。

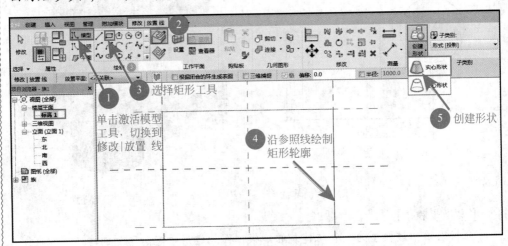

图 16-31　绘制矩形拉伸平面

（3）单击【修改 | 放置 线】选项卡→【形状】面板→【创建形状 】下拉箭头→【实心形状 】，完成矩形拉伸体。切换进入三维视图，选中拉伸体，根据立面图尺寸，将拉伸高度调整为 24m，如图 16-32 所示，长方体体量部分创建完成。

2）圆柱形体量部分

（1）将视图切换至"标高 1"，选择【绘制】面板中的【圆形 ⊘】绘制工具，切换到【修改 | 放置 线】上下文选项卡，确定"选项栏"中【放置平面】为"标高：标高 1"，以矩形左上角点为圆心，根据图纸绘制半径为 15000mm 的圆，如图 16-33

所示，单击【创建形状 🔳 】，弹出圆柱和球体两个选择，选择圆柱，完成拉伸体创建。

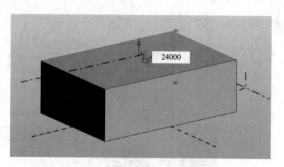

图 16-32　修改拉伸高度

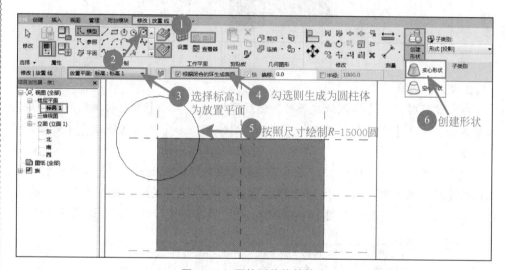

图 16-33　圆柱形体拉伸轮廓

（2）将视图调整至三维状态，根据图纸修改圆柱顶面标高为 30m，圆柱体量完成，如图 16-34 所示。

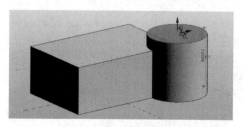

图 16-34　圆柱形体量调整高度

3）长方体体量和圆柱形体量部分合并

单击【修改】选项卡→【几何图形】面板→【连接 🔳 】下拉列表→【连接几

何图形 ♂】命令对两个体量进行合并，如图 16-35 所示。此步也可以通过【剪切 ♂】命令完成，激活【剪切 ♂】命令，先单击要剪切的圆柱体，再选择被剪切的长方体即可。

图 16-35　连接两个体量

2. 载入体量

以"建筑样板"为模板新建项目，通过【切换窗口 🔲】命令切换到创建完成的体量界面。单击【修改】选项卡→【族编辑器】面板→【载入到项目 📥】命令，放置体量。

切换到新建项目"项目 1"，会显示激活【修改 | 放置放置体量】选项卡【放置】面板的【放置在工作平面上】，手动放置体量，单击即可完成放置。由于体量较大，超出"立面符号"范围，如图 16-36 所示，将"立面符号"调整到合适位置即可。

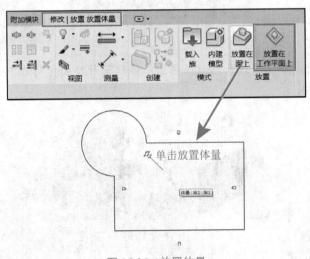

图 16-36　放置体量

3. 建筑构件转化

1）创建体量楼层

在项目文件中，通过【项目浏览器】切换到任一立面视图，创建相关标高。选中"标高2"，单击【修改|标高】选项卡→【修改】面板→【阵列 ▦】工具按钮，选项栏中不勾选【成组并关联】【项目数】为7，【移动到】选择"第二个"，勾选【约束】，将"标高2"垂直向上移动4000mm，阵列完成后，将"标高8"调整为30m，将标高线向两侧拖曳，覆盖体量形体，如图16-37所示。

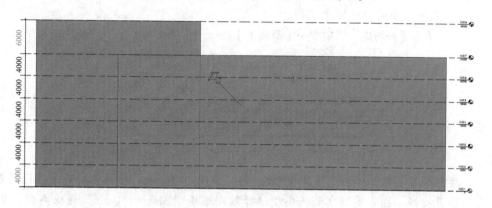

图 16-37　完成标高

选中"体量"，单击【修改|体量】选项卡→【模型】面板→【体量楼层 ▤】，如图16-38所示，弹出【体量楼层】对话框，单击"标高1"，按住键盘【Shift】键，单击"标高8"，所有标高被选中，在任一标高前方框画勾，勾选全部标高，单击【确定】按钮，如图16-39所示，完成体量楼层设置。

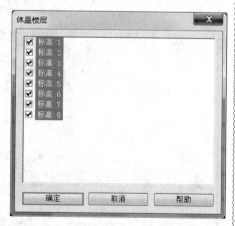

图 16-39　选择创建楼层

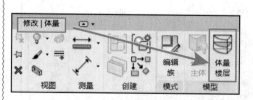

图 16-38　创建体量楼层

切换到三维视图中观察，Revit已经按照标高生成了体量楼层，如图16-40所示。

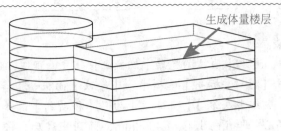

图 16-40　生成体量楼层

2）基于体量的楼板创建

单击【体量和场地】选项卡→【面模型】面板→【楼板　】命令，如图 16-41 所示。

图 16-41　创建楼板

按照题目要求，楼板厚度为 150mm 的"常规 −150mm"楼板，标高 1 至标高 6 上均设置楼板。在【属性】面板类型选择器中选择"常规 −150mm"楼板类型，如果没有，选择一个常规楼板类型为模板，复制新建一个楼板类型即可。

单击选择标高 1 至标高 6 的所有需要添加楼板的体量楼层，在【修改 | 放置 面楼板】选项卡中单击【创建楼板　】命令，完成楼板的生成，如图 16-42 所示。

> **小知识**
>
> 在体量构件的转化中，直接单击就可以加选，再次单击可以减选。

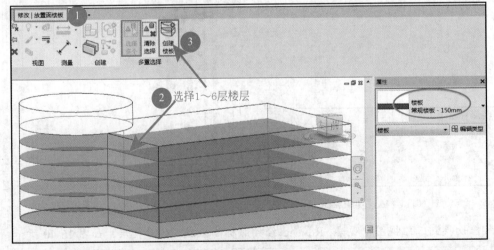

图 16-42　创建标高 1 至标高 6 楼板

3）基于体量的幕墙创建

单击【体量和场地】选项卡→【面模型】面
板→【幕墙系统🔲】命令，如图 16-43 所示。

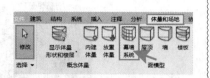

图 16-43 创建幕墙

单击【属性】面板【编辑类型🔲】，弹
出【类型属性】对话框，按照题目要求，幕墙
系统为网格布局 600mm×1000mm（即横向网
格间距为 600mm，竖向网格间距为 1000mm），"复制"一个新的类型，重命名为
"600×1000mm"，如图 16-44 所示。

根据要求设置相关参数，网格上均设置竖梃，竖梃均为圆形竖梃半径 50mm 的
要求，设置新类型幕墙系统参数，如图 16-45 所示。

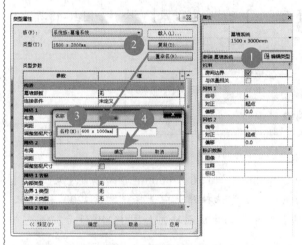

图 16-44 新建幕墙系统类型

图 16-45 幕墙系统参数

拾取体量中所有需要添加幕墙的面，在【修改 | 放置 面幕墙系统】选项卡中单
击【创建系统🔲】命令，如图 16-46 所示，完成幕墙的生成，如图 16-47 所示。

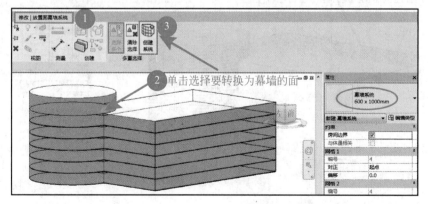

图 16-46 创建幕墙系统

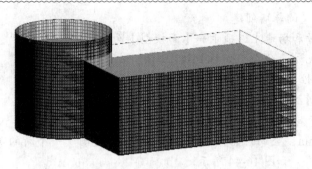

图 16-47 完成幕墙

4）基于体量的墙体创建

单击【体量和场地】选项卡→【面模型】面板→【墙 🔲】命令，如图 16-48 所示。

图 16-48 创建墙体

按照题目要求，面墙为厚度为 200mm 的"常规 –200mm 厚面墙"，【定位线】为"核心层中心线"。在【属性】面板中"类型选择器"中选择"常规 -200"，拾取体量中所有需要添加面墙的平面，拾取表面自动生成面墙，如图 16-49 所示。

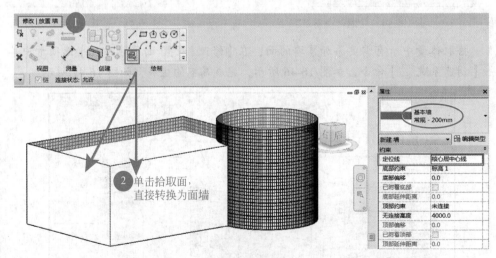

图 16-49 完成面墙

5）基于体量的屋顶创建

单击【体量和场地】选项卡→【面模型】面板→【屋顶 🔲】命令，如图 16-50 所示。

图 16-50　创建屋顶

按照题目要求，屋顶为厚度为 400mm 的"常规 -400mm"屋顶。在【属性】面板类型选择器中选择"常规屋顶 -400mm"楼板类型，如果没有，选择一个常规楼板类型为模板，复制新建一个楼板类型，修改楼板结构的厚度为 400mm 即可。

拾取体量中需要添加屋顶的两个平面，在【修改 | 放置 面屋顶】选项卡中单击【创建屋顶🗂】命令，完成屋顶的生成，如图 16-51 所示。

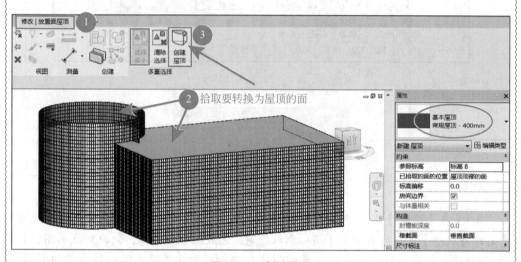

图 16-51　创建屋顶

模型创建完毕后如图 16-52 所示，将该模型以"体量楼层 + 考生姓名"为文件名保存至考生文件夹中。结果参看本书配套文件"16. 概念体量"。

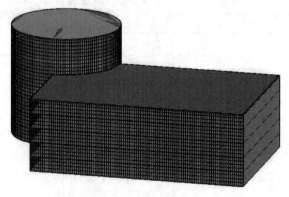

图 16-52　完成三维模型

【实操步骤2】

体量部分可以采用可载入体量的方式创建（详细步骤如上所述），也可以选择内建体量的方式创建。

1. 创建内建体量

如果选择内建体量的方式创建体量，不需要载入项目。

（1）切换到任意立面视图，根据图纸尺寸创建标高。

（2）切换到"标高1"，单击【体量和场地】选项卡→【概念体量】面板→【内建体量█】，如图16-53所示，在弹出的对话框中为新建体量命名，如图16-54所示。

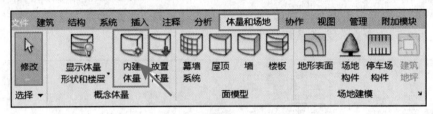

图 16-53　创建内建体量

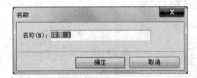

图 16-54　内建体量名

（3）在【绘制】面板中选择合适的绘制工具，根据尺寸绘制拉伸截面，单击【创建形状█】下列列表中的【实心形状█】，完成矩形拉伸体，切换到立面图，拉伸至合适的标高，完成长方体体量的创建，用相同的方式完成圆柱体体量的创建，如图16-55所示。

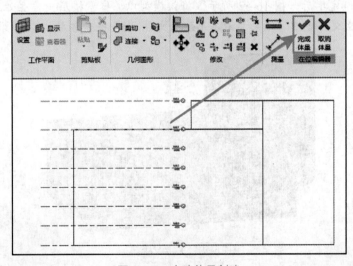

图 16-55　内建体量创建

　　体量模型创建完毕后,在【几何图形】面板中使用【连接🗗】工具,将两个拉伸体组合在一起,单击【在位编辑器】中的【完成体量✔】按钮,完成体量模型的创建,如图 16-56 所示。如果需要修改体量模型,选中体量后单击【在位编辑🗒】工具重新编辑修改即可。

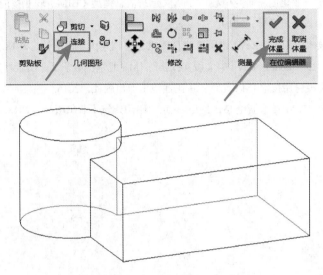

图 16-56　完成内建体量创建

2. 体量模型转化构件

建筑构件的转化方法和之前一致。

提示

　　在"1+X"建筑信息模型(BIM)职业技能等级考试初级建模考试中,对"体量"的考察并不多,但是曾经考过。创建体量模型时,需要对几何形状有清晰的认识,并能够灵活运用不同的形状组合满足题目要求。

参 考 文 献

[1] 叶雯. 建筑信息模型 [M]. 北京：高等教育出版社，2016.

[2] 廊坊市中科建筑产业化创新研究中心."1+X"建筑信息模型（BIM）职业技能等级证书教师手册 [M]. 北京：高等教育出版社，2019.

[3] 孙仲健. BIM 技术应用——Revit 建模基础 [M]. 北京：清华大学出版社，2018.

[4] ACAA 教育. 2019 Autodesk Revit 中文版实操实练 [M]. 北京：电子工业出版社，2019.

[5] 叶雄进. BIM 建模应用技术 [M]. 北京：中国建筑工业出版社，2016.

[6] 陆泽荣，刘占省. BIM 技术概论 [M].2 版. 北京：中国建筑工业出版社，2018.